电子电气基础课程系列教材

电子技术实验与设计教程
（第3版）

刘建成　周　勇　编著

电子工业出版社

Publishing House of Electronics Industry

北京·BEIJING

内 容 简 介

本书是根据电子技术实验的基本教学要求编写的。本书基于理论与实践并重的思想，在内容的安排上注重对学生基础实验技能的训练，同时加强综合性和设计性实验项目。全书共 27 个实验，其中模拟电路实验 14 个、数字电路实验 13 个，除基本的模拟电路实验和数字电路实验外，在部分实验后面安排了设计性实验，各校可根据自己的需求选做。本书提供 5 个附录，分别为口袋实验平台 LITE 304 使用说明、Multisim 13 使用指南、Quartus II 使用指南、电路元器件简介、电路故障分析的基本方法。

本书可作为高等院校电气与电子信息类、自动化类、计算机类等相关专业本、专科学生的实验教材，也可供从事电子设备及电路设计和研制的工程技术人员参考。

未经许可，不得以任何方式复制或抄袭本书之部分或全部内容。
版权所有，侵权必究。

图书在版编目（CIP）数据

电子技术实验与设计教程 / 刘建成，周勇编著.
3 版. -- 北京：电子工业出版社，2025.4. -- ISBN 978-7-121-50120-3

Ⅰ．TN01-33

中国国家版本馆 CIP 数据核字第 20258HC371 号

责任编辑：凌　毅

印　　刷：三河市双峰印刷装订有限公司
装　　订：三河市双峰印刷装订有限公司
出版发行：电子工业出版社
　　　　　北京市海淀区万寿路 173 信箱　邮编 100036
开　　本：787×1092　1/16　印张：12.5　字数：336 千字
版　　次：2007 年 3 月第 1 版
　　　　　2025 年 4 月第 3 版
印　　次：2025 年 4 月第 1 次印刷
定　　价：45.00 元

凡所购买电子工业出版社图书有缺损问题，请向购买书店调换。若书店售缺，请与本社发行部联系，联系及邮购电话：(010)88254888，88258888。
质量投诉请发邮件至 zlts@phei.com.cn，盗版侵权举报请发邮件至 dbqq@phei.com.cn。
本书咨询联系方式：(010)88254528，lingyi@phei.com.cn。

前　言

电子技术是电气与电子信息类、自动化类、计算机类等相关专业本、专科学生的一门重要的技术基础课，它以理论应用性与技术实践性为鲜明特点，其中电子技术实验是整个教学过程中的重要组成部分。

本书基于理论与实践并重的思想，在内容的安排上注重对学生基础实验技能的训练，同时加强综合性和设计性实验任务。通过实验，使学生掌握电路连接、电路测量、故障分析与排除、电路设计等实验技巧，掌握常用电子测量仪器的使用方法及数据的采集、处理和分析方法；通过各种实验现象的观察，培养学生利用基本理论独立分析问题、解决问题的能力，培养学生的创新意识和严肃认真的科学态度、踏实细致的实验作风，提高学生的独立动手能力。

本书共 27 个实验，其中 14 个模拟电路实验和 13 个数字电路实验。在这些实验中，除了含有传统的理论验证性内容，大部分实验任务的安排顺序为由浅入深、由易到难，从验证性的实验任务逐渐过渡到综合性、设计性的实验任务；部分实验则完全属于综合性实验或设计性实验。实验过程中要求学生尽可能多地使用信号发生器、示波器等各种常用仪器，在重复性使用过程中，使学生真正掌握这些仪器，以便在后续课程实验中乃至未来的工程实践中得心应手地使用这些仪器。本书提供 5 个附录，分别为口袋实验平台 LITE 304 使用说明、Multisim 13 使用指南、Quartus II 使用指南、电路元器件简介、电路故障分析的基本方法。目前口袋实验平台在电子技术实验中应用广泛，为设计性实验提供了非常好的实验环境，附录 A 对口袋实验平台 LITE 304 进行了介绍。

本书由刘建成和周勇共同完成，其中刘建成编写模拟电路实验及附录 A、附录 B、附录 E，周勇编写数字电路实验及附录 C、附录 D。本书得到了南京信息工程大学工程训练中心和电子与信息工程学院多位老师的指导与帮助，在此表示感谢。

由于作者水平有限，书中难免有不妥和疏漏之处，敬请读者和广大同行批评、指正。

目 录

绪论 1

第一部分 模拟电路实验 5
- 实验 1 　常用电子仪器的使用 6
- 实验 2 　单管共射放大电路 9
- 实验 3 　射极跟随器 16
- 实验 4 　场效应管放大电路 20
- 实验 5 　差动放大电路 24
- 实验 6 　负反馈放大电路 28
- 实验 7 　集成运放在模拟运算方面的应用 32
- 实验 8 　集成运放在波形产生方面的应用 36
- 实验 9 　有源滤波器 43
- 实验 10 　电压比较器 47
- 实验 11 　OTL 功率放大器 51
- 实验 12 　直流稳压电源——集成稳压器 55
- 实验 13 　波形分解与合成 59
- 实验 14 　压控振荡器 65

第二部分 数字电路实验 67
- 实验 15 　TTL 及 CMOS 集成逻辑门的测试与使用 68
- 实验 16 　三态输出门 74
- 实验 17 　组合逻辑电路的设计与测试 76
- 实验 18 　加法器及其应用 79
- 实验 19 　译码器及其应用 84
- 实验 20 　数据选择器及其应用 87
- 实验 21 　触发器及其应用 92
- 实验 22 　计数器及其应用 96
- 实验 23 　移位寄存器及其应用 101
- 实验 24 　数字时钟设计 105
- 实验 25 　序列信号检测器的设计 111
- 实验 26 　单稳态电路和施密特电路 115
- 实验 27 　多谐振荡器设计 120

附录 A 　口袋实验平台 LITE 304 使用说明 123
附录 B 　Multisim 13 使用指南 130
- B.1 　Multisim 13 简介 130
- B.2 　Multisim 13 的基本操作界面 131

    B.3 分析方法 138
    B.4 模拟电路仿真步骤 144
附录 C　Quartus II 使用指南 156
附录 D　电路元器件简介 167
    D.1 电阻 167
    D.2 电容 171
    D.3 电感 175
    D.4 二极管和三极管 176
    D.5 数字集成电路 184
    D.6 部分电气图形符号 189
附录 E　电路故障分析的基本方法 190
    E.1 模拟电路故障分析 190
    E.2 数字电路故障分析 192
参考文献 194

绪　　论

　　电子技术是电气与电子信息类、自动化类、计算机类等相关专业的重要专业基础课,是一门实践性很强的课程,它的任务是使学生获得电子技术方面的基本理论、基本知识和基本技能,培养学生分析问题和解决问题的能力。实验是学习和研究电子技术学科的重要手段,既是对理论的验证,又是对理论的实施,同时还是对理论的进一步研究与探索。

　　在电子技术飞速发展、广泛应用的今天,实验显得更加重要。在实际工作中,电子技术人员需要分析器件、电路的工作原理,验证器件、电路的功能,对电路进行调试、分析,排除电路故障,测试器件、电路的性能指标,设计和制作各种实用电路的样机,所有这些都离不开实验。此外,通过实验可以培养学生严谨的工作作风,严肃认真、实事求是的科学态度,刻苦钻研、勇于探索和创新的开拓精神,遵守纪律、团结协作的优良品质。

　　1. 电子技术实验的分层和特点

　　电子技术实验包括模拟电子技术实验和数字电子技术实验,可以分为 4 个层次:基础实验、综合性实验、设计性实验、仿真实验。

　　基础实验主要针对电子技术学科范围内理论验证和实践技能的培养,着重奠定基础。这类实验除巩固加深某些重要的基础理论外,主要在于帮助学生认识现象,掌握基本实验知识、基本实验方法和基本实验技能。

　　综合性实验可提高学生对单元功能电路的理解,了解各功能电路间的相互影响,掌握各功能电路之间参数的衔接和匹配关系,以及模拟电路和数字电路之间的结合,可提高学生灵活运用知识的能力。

　　设计性实验可提高学生对基础知识、基本实验技能的运用能力,掌握参数及电子电路内在规律,真正理解模拟电路参数"量"的差别和工作"状态"的差别。

　　仿真实验可以使学生通过掌握仿真软件的功能、特点及其应用,学会电子电路现代化的设计方法。在实验中软件的使用以自学为主,配合具体的题目,培养学生对新知识的掌握和应用能力。

　　电子技术实验具有较强的综合性。要掌握电子技术实验,顺利地进行各类电子线路实验,必须掌握各种电子元器件知识、模拟电子技术、数字电子技术、电子工艺技术、电子测量技术等专业知识。

　　2. 实验预习

　　任何电子技术实验都有一定的目的,并为此提出实验任务。预习时,要恰当地应用基本理论,明确实验目的,掌握实验原理,并综合考虑实验环境和实验条件,分析所设计的实验,提出任务的可行性,最后预计实验结果并写出预习报告。预习报告的内容通常包括以下几个部分。

　　(1) 实验标题

　　实验标题是对实验内容的最好概括。通过实验标题,实验设计人员、实验操作人员能够明白自己在进行什么实验,并围绕着实验的中心内容开展一系列的工作。

　　(2) 实验目的

　　通过实验培养学生连接电路、测量电路、故障排除等实验技巧,使学生学习常用电子仪器的基本原理及使用方法、数据的采集与处理、各种现象的观察与分析等。依据各个实验内容的不同,实验目的侧重点也不同,预习报告要对此加以明确。

(3) 实验原理

实验原理包括基本理论的应用、实验电路的设计、测量仪器的选择和测量方案的确定等。其中要注意实验电路与理论电路的差异性,实验电路需要把测量电路包括在内,要考虑测量仪器怎样接入电路可减小对电路的影响等。完成这部分的内容,要求复习有关的理论,熟悉实验电路,了解所需的电路元器件、仪器仪表的性能、参数、基本原理及使用方法等。

(4) 设计实验步骤

实验任务必须保证达到实验目的。为完成实验任务所设计的实验步骤必须细致、充分地考虑各种因素,如仪器设备和实验人员的安全、多个数据测量的先后顺序、测量之间的互相影响等。值得注意的是,在电路实验的初始阶段,某些细致的实验操作步骤设计是对今后从事电气工程工作良好习惯的培养。例如,为了保证仪器设备的安全,应用仪表进行测量之前要选择合适的量程,多功能仪表测量前要确定多功能旋钮的位置,可调电源上电前一般先置零、上电后再调至合适值;为了保证人身安全,必须采用先接线后接电源、先断电源后拆线的操作流程,在培养技能的同时还要培养学生的职业素养。

(5) 确定观察内容、待测数据及记录数据的表格

实验中要测量的物理量,包括由实验目的所直接确定或为获得这些物理量而确定的间接物理量、反映实验条件的物理量及作为检验用的物理量等。预习时,必须拟订好所有记录数据和有关内容的表格。凡要求先理论计算的内容必须提前完成,并填入表格。

3. 实验操作

实验操作是在详细的预习报告指导下,在实验室进行的整个实验过程。这包括熟悉、检查及使用实验器件与仪器仪表,连接实验线路,故障检查,实际测试与记录数据及实验后的整理工作等。

(1) 熟悉、检查及使用实验器件与仪器仪表

实验用的元器件与仪器仪表与理想中的不同,同一种性质的元器件或仪器型号、用途的不同而且在外观形状和内在性能上存在很大的差异。在电子技术实验中,所涉及的元器件包括电阻、电感、电容、晶体管、集成电路等,仪器有信号发生器、示波器、电源、实验箱、逻辑笔等,这些都必须在实验中认识、了解和熟悉。

(2) 连接实验线路

连接实验线路是建立实验系统最关键的工作,需注意以下3个方面的问题。

① 实验对象的摆放:实验用电源、负载、测量仪器等应摆放合理。遵循的原则:实验对象摆放后使得电路布局合理(位置、距离、跨接线长短对实验结果影响要小),便于操作(调整和读取数据方便),连线简单(用线短且用量少)。

② 连线顺序:连接的顺序视电路的复杂程度和个人技术熟练程度而定。对初学者来说,应按电路图一一对应接线。对于复杂的实验电路,应先接串联支路,后接并联支路(先串后并),每个连接点不多于两根导线;同时要考虑元器件、仪表的极性、参考方向、公共参考点与电路图的对应位置等,一般最后连接电源。

③ 连线检查:对照实验电路图,由左至右或由电路有明显标记处开始一一检查,不能漏掉一根哪怕很小很短的连线,图物对照,以图校物。对初学者来说,电路连接检查是最困难的一项工作,它既是对电路连接的再次实践,又是建立电路原理图与实物安装图之间内在联系的训练机会。对连接好的电路做细致检查,是保证实验顺利进行、防止事故发生的重要措施,因此不能疏忽电路的检查工作。

(3) 故障检查

在正常的情况下,连接好实验线路,即可开始实验测量工作。但也常常会出现一些意想不到的故障,必须首先排除故障,以保证实验的顺利进行。在电路实验中,常见的是实验线路故障,查找此类故障可采用以下两种方法。

① 断电检查法:当实验电路接错线,造成电源或负载短路、开路等错误时,应立即关掉电源;使用万用表欧姆挡,对照实验原理图,对每个元器件及连线逐一进行检查,根据被检查点电阻的大小找出故障点。

② 通电检查法:当实验电路工作不正常或出现明显错误结果时,用万用表的电压挡对照实验原理图,对每个元器件及连线逐一进行检查,根据被检查点电压的大小找出故障点。在对每个元器件及连线逐一进行检查时,一般顺序为:检查电路连线是否接错;检查电源供电系统,从电源进线、刀闸开关、熔断器到电路输入端子有无电压,是否符合给定值等;检查电路中各元器件及测量仪器之间的连接是否牢固可靠,导线是否良好;检查测量仪器仪表有无供电,输入、输出是否正常,量程、衰减、显示等是否正确,测试线及接地线是否完好等。

(4) 实际测试与记录数据

实际测试与记录数据是实验过程中最重要的环节。为保证实验测试数据的可信度,需要在实际测量之前先进行预测。此时不必仔细读取数据,主要是观察各被测量的变化情况和出现的现象。预测的主要目的有两个。

① 通过预测发现可能出现的设备接线松动、虚焊,连接导线隐藏的断点,实验电路接线错误、碰线等隐患,从而排除发现的隐患,确保实验电路正常工作。

② 通过预测使实验人员对实验的全貌有一个数量的概念,了解被测量的变化范围,选择合适的仪表量程,了解被测量的变化趋势,确定实际测量时合理选取数据的策略。预测结束、恢复实验系统后,即可按预习报告的实验步骤进行实验操作、观察现象,完成测试任务。实验数据应记录在预习报告拟订的数据表格中,并注明被测量的名称和单位,保持定值的量可单独记录。经重测得到的数据应记录在原数据旁或新的数据表格中,不要轻易涂改原始记录数据,以便比较和分析。

在测试的过程中,应尽可能及时地对数据做初步的分析,以便及时发现问题,采取可能的必要措施以提高实验质量。

实验做完以后,不要忙于拆除实验线路。应先切断电源,待检查实验测试没有遗漏和错误后再拆线。一旦发现异常,需在原有的实验状态下,查找原因,并作出相应的分析。

(5) 实验结束后的整理工作

全部实验结束后,应将所用仪器设备复归原位,将导线整理好,清理实验桌面,离开实验室。

4. 撰写实验报告

实验报告是实验结果的总结和反映,也是实验课的继续和提高。通过撰写实验报告,使知识条理化,可以培养学生综合分析问题的能力。一个实验的价值在很大程度上取决于实验报告质量的高低,因此对实验报告的撰写必须予以充分的重视。撰写一份高质量的实验报告必须做到以下几点。

① 以实事求是的科学态度认真做好每个实验。在实验过程中,对读测的各种实验原始数据应按实际情况记录下来,不应擅自修改,更不能弄虚作假。

② 对测量结果和所记录的实验现象,要会正确分析与判断,不能对测量结果的正确与否

一无所知,以致出现因数据错误而重做实验的情况。如果发现数据有问题,要认真检查线路并分析原因。数据经初步整理后,请指导教师审阅,然后才可拆线。

③ 实验报告的主要内容包括:
- 实验目的;
- 实验原理;
- 实验仪器;
- 实验步骤和测试方法;
- 实验数据、波形和现象以及对它们的处理结果;
- 实验数据分析;
- 实验结论;
- 实验中问题的处理、讨论和建议,收获和体会;
- 附实验的原始数据记录。

5. 电子技术实验的安全规则

进行电子技术实验必须具有一定的安全常识。每个人都必须遵守电子技术实验室的安全规章制度,才能保障人身安全,防止实验仪器和实验装置损坏。为此,特提醒如下:

① 使用实验仪器前,应阅读仪器的使用说明,了解仪器使用方法和注意事项,看清仪器所需电源电压值;

② 使用仪器应按要求正确地接线;

③ 实验中不得随意扳动、旋转仪器面板上的旋钮、开关等,或用力过猛地扳动、旋转;

④ 不应随意拆卸实验装置,如拆接连线、插拔集成电路等;

⑤ 实验时应随时注意仪器及电路的工作状态,如果发现有熔断器熔断、火花、臭味、冒烟、响声、仪器失灵、读数失常、电阻或其他元器件发烫等异常现象,应立即切断电源,保持现场,待查明原因并排除故障之后,方可重新通电;

⑥ 仪器使用完毕后,面板上各旋钮、开关应旋转扳动至合适的位置。

第一部分

模拟电路实验

实验 1　常用电子仪器的使用

一、实验目的

(1) 学习示波器、信号发生器等常用电子仪器的主要技术指标、性能及正确使用方法。
(2) 初步掌握示波器观测波形和读取波形参数的方法。
(3) 学会正确调节信号发生器频率、幅度的方法。

二、实验原理

在电子技术实验中,常用的电子仪器有示波器、信号发生器、直流稳压电源、交流毫伏表等。它们和万用表一起,可以完成对电子电路的静态和动态工作情况的测试。示波器具有宽泛的带宽与高灵敏度设计,能捕捉并显示高频及微弱电压信号,且以直观波形呈现,便于复杂波形分析,并能够直接显示信号的相关参数,因此在本书中采用示波器代替交流毫伏表测量交流电压值。

实验中要对各种仪器综合使用,可以按照信号流向,以连线简捷、调节顺手、观察与读数方便等原则进行合理布局。各仪器与实验电路之间的布局与连线如图 1.1 所示。接线时应注意,为防止外界干扰,各仪器的公共接地端应连接在一起,称为共地。信号发生器的引线通常用屏蔽线或专用电缆线,示波器用专用电缆线,直流稳压电源的接线用普通导线。

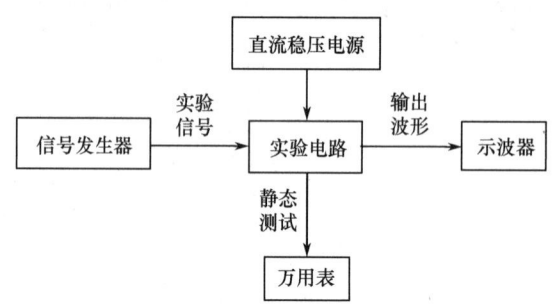

图 1.1　电子技术实验中各仪器与实验电路之间的布局与连线

1. 实验电路

在电子技术实验中,实验电路可以是一个单元电路,也可以是综合设计性电路。无论是何种电路,都要使用一些电子仪器及设备进行测量。测量分为两种,一是静态测量,二是动态测量。通过观察实验现象和结果,将理论和实践结合起来。

2. 直流稳压电源

直流稳压电源为实验电路提供能源,通常输出为电压。

3. 信号发生器

信号发生器为实验电路提供各种频率和幅度的输入信号。信号发生器按需要,可输出正弦波、方波、三角波等多种信号波形。输出信号的幅度和频率均可调节。信号发生器作为信号源,它的输出端不允许短路。

4. 万用表

万用表用于测量电子电路的静态工作点和直流信号的值,同时还可以测量较低频率信号的交流电压、交流电流的有效值及电路的阻值。实验中一般采用数字万用表。

5. 示波器

示波器是一种常用的电子测量仪器,它能直接观测和真实显示被测信号的波形。它不仅能观测电路的动态过程,还可以测量被测信号的幅度、频率、周期、相位、脉冲宽度、上升时间和下降时间等参数。

三、实验仪器

- 信号发生器　　1台
- 示波器　　　　1台

四、实验内容及步骤

1. 用示波器测量"校准信号"

(1) 打开示波器的电源,示波器执行所有自检项目,并确认通过自检。

(2) 将示波器探头上的开关设定到"1X",并将探头与示波器的通道1连接,连接示波器的校准信号。

(3) 按下"AUTO"按钮,屏幕会显示频率为1kHz、电压峰-峰值约为3V的方波,将测量结果记入表1.1中。

(4) 调节"s/DIV"旋钮展开波形,记录校准信号的上升时间和下降时间。

表1.1　校准信号测量数据记录表

幅度	频率	上升时间	下降时间

2. 用示波器测量信号发生器的输出电压

按图1.2连接仪器。信号发生器输出信号的频率固定为1kHz,调节信号发生器输出电压峰-峰值分别为1V和10V,将测量结果记入表1.2。

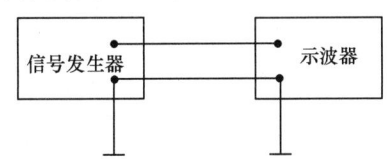

图1.2　示波器测量信号的连接图

表1.2　信号发生器输出电压测量结果记录表

信号发生器的输出电压峰-峰值/V	示波器灵敏度/(V/DIV)	波形峰到峰高度/DIV	电压峰-峰值（计算）	示波器显示值（峰-峰值）
1				
10				

3. 用示波器测量信号频率

信号发生器的输出电压峰-峰值为5V,频率为表1.3中所示,调节示波器的"s/DIV"旋钮,保证示波器上显示两个完整的周期波形,将测量结果记入表 1.3。

表 1.3　示波器测量交流信号频率记录表

信号源频率/kHz	0.1	1	10	100	1000
扫描速度位置/(s/DIV)					
一个周期所占水平格数/DIV					
信号周期 T/ms					
信号频率 $f=1/T$/kHz					
示波器显示频率/kHz					

五、预习要求

(1) 查阅示波器的有关资料。

(2) 阅读本实验内容和步骤。

六、实验报告

(1) 整理实验数据。

(2) 用示波器测量交流信号的频率和幅度时,如何才能保证示波器所能达到的测量精度?

实验 2 单管共射放大电路

一、实验目的
(1) 掌握放大电路静态工作点的调试和测量方法。
(2) 了解电路元器件参数改变对静态工作点及电压放大倍数的影响。
(3) 掌握放大电路电压放大倍数、输入电阻、输出电阻的测量方法。
(4) 掌握放大电路通频带的测量方法。

二、实验原理

如图 2.1 所示为电阻分压式工作点稳定的单管共射放大电路图。偏置电路采用 R_{b1} 和 R_{b2} 组成的分压电路,并在发射极接有电阻 R_e,以稳定电路的静态工作点。当在放大电路的输入端加输入信号 U_i 后,在输出端便可得到一个与 U_i 相位相反、幅值放大的输出信号 U_o,从而实现电压放大。

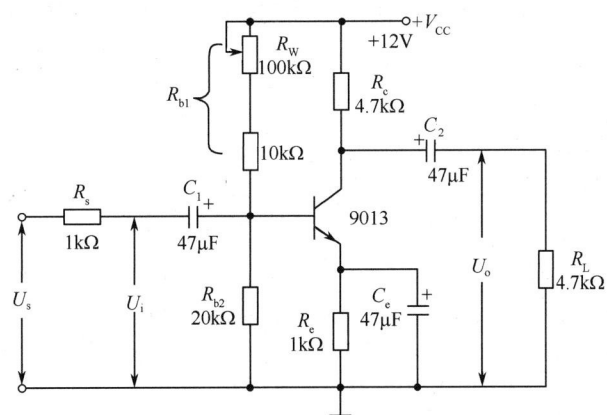

图 2.1 单管共射放大电路

图 2.1 中,当流过偏置电阻 R_{b1} 和 R_{b2} 的电流远大于晶体管 9013 的基极电流 I_B 时(一般为 5~10 倍),则晶体管的静态工作点可用下式估算

$$V_B \approx \frac{R_{b2}}{R_{b1}+R_{b2}} \cdot V_{CC}$$

$$I_E = \frac{V_B - U_{BE}}{R_e} \approx I_C$$

$$U_{CE} = V_{CC} - I_C(R_c + R_e)$$

放大电路的电压放大倍数为

$$A_u \approx -\beta \frac{R_c // R_L}{r_{be}}$$

输入电阻为
$$R_i = R_{b1} // R_{b2} // r_{be}$$

输出电阻为
$$R_o \approx R_c$$

由于电子元器件参数的离散性较大,因此在设计和制作晶体管放大电路时,离不开测量和调试技术。设计前应测量所用元器件的参数,为电路设计提供必要的依据,在完成设计和连接以后,还必须测量和调试放大电路的静态工作点。一个正常工作的放大电路,必定是理论设计与实验相结合的产物。因此,除学习放大电路的理论知识和设计方法外,还必须掌握必要的测量和调试技术。

放大电路的测量和调试一般包括:放大电路静态工作点的测量与调试、消除干扰及放大电路各项动态参数的测量与调试等。

1. 放大电路静态工作点的测量与调试

(1) 静态工作点的测量

测量放大电路的静态工作点,应在输入信号 $U_i = 0$ 的情况下进行,即将放大电路输入端对地短接,然后分别选用万用表中量程合适的直流电流挡和直流电压挡,测量晶体管的集电极电流 I_C 及各电极对地的电位 V_B、V_C 和 V_E。一般实验中,为了避免断开集电极,可采用测量电压计算出 I_C 的方法。例如,只要测量出 V_E,即可用 $I_C \approx I_E = V_E / R_e$ 计算,同时能计算出 $U_{BE} = V_B - V_E$,$U_{CE} = V_C - V_E$。

(2) 静态工作点的调试

静态工作点是否合适,对放大电路的性能和输出波形都有很大影响。如静态工作点偏高,放大电路在加入交流信号后易产生饱和失真,此时 u_o 的负半周将被削底,如图2.2(a)所示;如果静态工作点偏低,则易产生截止失真,即 u_o 的正半周被缩顶(一般截止失真不如饱和失真明显),如图2.2(b)所示。这些情况都不符合不失真放大的要求。所以在选定静态工作点以后还必须进行动态调试,即在放大电路的输入端加入一定的 u_i,检查输出电压 u_o 的大小和波形是否满足要求。如果不满足,则应调节静态工作点的位置。

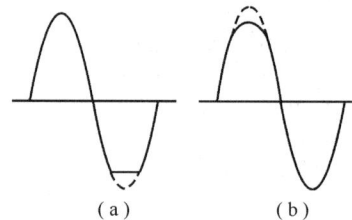

图 2.2 静态工作点对 u_o 波形失真的影响

改变电路参数 V_{CC}、R_c、R_{b1}、R_{b2},都会引起静态工作点的变化,如图2.3所示。但通常多采用调节偏置电阻 R_{b1} 的方法来改变电路的静态工作点,如减小 R_{b1},则可使静态工作点提高等。

最后还要说明的是,上面所说的静态工作点"偏高"或"偏低"不是绝对的,应是相对信号的幅度而言的,若信号幅度很小,即使静态工作点较高或较低,也不一定会出现失真。所以确切地说,产生波形失真是信号幅度与静态工作点设置不当所致。如需满足较大的信号幅度要求,静态工作点应尽量靠近交流负载线的中点。

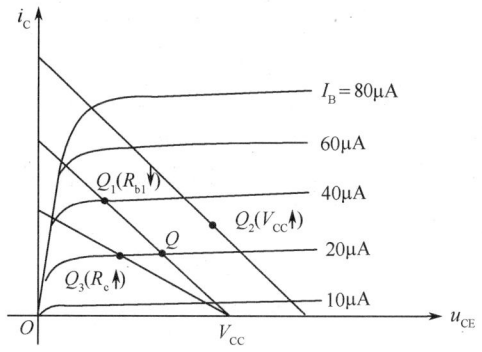

图 2.3 电路参数对静态工作点的影响

2. 放大电路动态指标测试

放大电路动态指标有电压放大倍数、输入电阻、输出电阻、最大不失真输出电压(动态范围)和通频带等。

(1) 电压放大倍数 A_u 的测量

调整放大电路到合适的静态工作点,然后加入输入电压 u_i,在输出电压 u_o 不失真的情况下,用示波器测出 u_i 和 u_o 的有效值 U_i 和 U_o,则

$$A_u = \frac{U_o}{U_i}$$

(2) 输入电阻的测量

放大电路输入电阻的大小,表示该放大电路从信号源或前级放大电路获取多少电流,为前级放大电路设计提供负载条件。可用串接电阻法测量 R_i,测量电路如图 2.4 所示。为了测量放大电路的输入电阻,即在信号源与放大电路输入端之间串接一个已知电阻 R_s,在放大电路正常工作的情况下,用示波器测出 U_s 和 U_i,则根据输入电阻的定义可得

$$R_i = \frac{U_i}{I_i} = \frac{U_i}{\frac{U_R}{R_s}} = \frac{U_i}{U_s - U_i} R_s$$

其中,U_R 是 R_s 两端的电压。

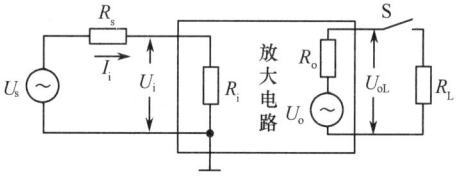

图 2.4 输入、输出电阻的测量电路

测量时应注意:

① 由于电阻 R_s 两端没有公共接地点,而示波器只能测量对地的交流电压,所以,当测量 R_s 两端的电压 U_R 时,必须分别测量 R_s 两端对地的电压 U_s 和 U_i,然后再求出 U_R。实际测量时,电阻 R_s 的数值不宜取得过大,否则容易引入干扰,但也不宜取得过小,否则测量误差较大。通常取 R_s 与 R_i 为同一数量级比较合适,本实验取 R_s 为 1kΩ。

② 输出端应接上负载电阻 R_L,并用示波器监视输出波形,要求在波形不失真的条件下进

行上述测量。

(3) 输出电阻的测量

输出电阻 R_o 的大小能够说明该放大电路承受负载的能力。R_o 越小,放大电路的输出等效电路越接近于恒压源,带负载的能力越强。R_o 的测量也为后级电路设计提供了条件。由图 2.4,在放大电路正常工作的条件下,测出输出端不接负载 R_L 的输出电压 U_o 和接入负载后的输出电压 U_{oL},根据

$$U_{oL} = \frac{R_L}{R_o + R_L} U_o$$

即可求出 R_o 为

$$R_o = \left(\frac{U_o}{U_{oL}} - 1\right) R_L$$

注意:在测试中必须保持 R_L 接入前、后输入信号大小不变。

(4) 最大不失真输出电压 U_{oPP}(最大动态范围)的测量

如上所述,为了得到最大动态范围,应将静态工作点调在交流负载线的中点。为此在放大电路正常工作的情况下,逐步增大输入信号幅度,并同时调节 R_W(改变静态工作点),用示波器观察 U_o,当输出波形同时出现削底和缩顶现象时,说明静态工作点已调在交流负载线的中点。然后反复调整输入信号,使输出波形幅度最大,且无明显失真时,用示波器读出 U_{oPP}。

(5) 放大电路幅频特性的测量

放大电路的幅频特性是指放大电路的电压放大倍数 A_u 与输入信号频率 f 之间的关系曲线。单管共射放大电路的幅频特性曲线如图 2.5 所示,A_{um} 为中频电压放大倍数,通常规定电压放大倍数随频率下降到中频放大倍数的 $1/\sqrt{2}$,即 $0.707 A_{um}$ 所对应的频率分别称为上限频率 f_H 和下限频率 f_L,则通频带为

$$f_{BW} = f_H - f_L$$

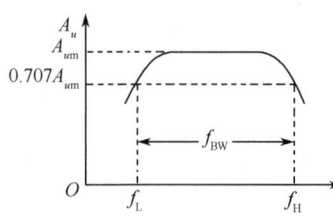

图 2.5 幅频特性曲线

放大电路的幅频特性就是测量不同信号频率时的电压放大倍数 A_u。为此,可采用前述测量 A_u 的方法,每改变一个信号频率,均需要测量其相应的电压放大倍数。测量时应注意取点要恰当,在低频段与高频段应多测几点,在中频段可以少测几点。此外,在改变信号频率时,要保持输入信号的幅度不变,且输出波形不失真。

三、实验仪器

- 示波器　　　　　　1 台
- 信号发生器　　　　1 台
- 直流稳压电源　　　1 台
- 模拟电路实验箱　　1 台
- 万用表　　　　　　1 只

四、实验内容

按图 2.1 接好实验电路,将仪器和实验电路正确地连接起来,如图 2.6 所示。为了防止干

扰,各仪器的地线必须连接在一起。

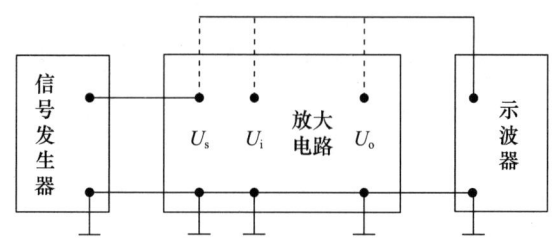

图 2.6　仪器和实验电路连接图

1. 测量静态工作点

信号发生器加在 U_i 端,调节信号发生器,使 $U_i=5\text{mV}$, $f=1\text{kHz}$,在 $R_L=\infty$ 时用示波器观察输出端 u_o 的波形,反复调节 R_{b1} 以改变静态工作点的位置,得到输出波形既无饱和失真又无截止失真的最大不失真状态(饱和失真刚好消失)。断开输入信号,用万用表测量静态工作点参数,将数据填入表 2.1 中。

表 2.1　静态工作点测量数据记录表

测量值			测算值	
U_{BE}/V	V_C/V	V_E/V	U_{CE}/V	I_C/mA

2. 测量电压放大倍数

信号发生器加在 U_i 端,在上述静态条件下,加输入信号 $U_i=5\text{mV}$, $f=1\text{kHz}$,在表 2.2 所列 3 种情况下,用示波器测量 U_o 的值并记入表 2.2 中,同时用示波器观察 u_i 和 u_o 的相位关系。

表 2.2　电压放大倍数测量数据记录表

$R_c/\text{k}\Omega$	$R_L/\text{k}\Omega$	U_o/V	A_u
4.7	∞		
2.4	∞		
4.7	4.7		

3. 测量输入电阻和输出电阻

信号发生器加在 U_s 端,置 $R_c=4.7\text{k}\Omega$, $R_L=4.7\text{k}\Omega$,调节信号发生器使其产生 $U_i=5\text{mV}$, $f=1\text{kHz}$ 的正弦信号,用示波器测出 U_s、U_i 和 U_{oL} 并记入表 2.3 中。保持 U_i 不变,断开 R_L,测量输出电压 U_o,记入表 2.3 中,根据测量结果计算 R_i 和 R_o 的值。

表 2.3　输入、输出电阻测量数据记录表

U_s/mV	U_i/mV	$R_i/\text{k}\Omega$	U_{oL}/V	U_o/V	$R_o/\text{k}\Omega$
	5				

4. 观察静态工作点对输出波形失真的影响

信号发生器加在 U_i 端,置 $R_c=4.7\text{k}\Omega$, $R_L=4.7\text{k}\Omega$, $U_i=0$,调节 R_{b1} 使 $V_E=1.5\text{V}$($I_C=1.5\text{mA}$),测出 U_{CE} 的值再逐步加大输入信号,使输出电压 u_o 足够大但不失真。然后保持输入

信号不变,分别增大和减小 R_{b1},使波形出现失真,绘出 u_o 波形,并测出失真情况下的 I_C 和 U_{CE} 值,把结果记入表 2.4 中(注意:测量 I_C 和 U_{CE} 时,将信号发生器断开)。

表 2.4　R_{b1} 对静态工作点影响的实验结果记录表

I_C/mA	U_{CE}/V	u_o 波形	失真情况	晶体管状态
1.5				

5. 测量最大不失真输出电压

信号发生器加在 U_i 端,置 $R_c=4.7\text{k}\Omega$,$R_L=4.7\text{k}\Omega$,按照测量最大不失真输出电压的实验原理,同时调节 R_{b1} 和输入信号的幅度,用示波器测量 U_{oPP} 和 U_o,记入表 2.5 中。

表 2.5　最大不失真输出电压测量数据记录表

I_C/mA	U_{im}/mV	U_{om}/V	U_{oPP}/V

6. 测量通频带(三点式)

信号发生器加在 U_i 端,取 $R_c=4.7\text{k}\Omega$,$R_L=4.7\text{k}\Omega$,保持输入信号 $U_i=5\text{mV}$ 幅度不变,且波形不失真。一般设 $f_0=1\text{kHz}$ 为中心频率,先测出放大器中心频率点(f_0)电压的幅度值,再逐步增大信号源的输出频率值,观测改变信号源的输出频率值后,其电压的幅度值下降到中心频率的 70.7% 时,即其对应电压的幅度值的频率值,称为上限频率值,用 f_H 表示;相反,逐步减小信号源的输出频率值,观测改变信号源的输出频率值后,其电压的幅度值下降到中心频率的 70.7% 时,即其对应电压幅度值的频率值,称为下限频率值,用 f_L 表示。将 f_0、f_H 和 f_L 的频率值以及对应的输出电压值记入表 2.6 中。通频带为 f_H-f_L。

表 2.6　通频带实验数据记录表

U_o/V($f=1\text{kHz}$)	$0.707U_o$/V	f_L/Hz	f_H/Hz	$BW=f_H-f_L$/Hz

五、预习要求

(1) 阅读有关单管共射放大电路的内容并估算实验电路的性能指标,假设晶体管 9013 的 $\beta=100$,$R_{b1}=82\text{k}\Omega$,$R_{b2}=20\text{k}\Omega$,$R_c=4.7\text{k}\Omega$,$R_L=4.7\text{k}\Omega$。

(2) 能否用直流电压表直接测量晶体管的 U_{CE}?为什么实验中要采用测量 V_C 和 V_E,再间接计算 U_{CE} 的方法?

(3) 当改变偏置电阻 R_{b1},放大电路输出波形出现饱和或截止失真时,晶体管压降 U_{CE} 怎样变化?

(4) 改变静态工作点对放大电路的输入电阻 R_i 是否有影响?改变外接电阻 R_L 对输出电阻 R_o 是否有影响?

六、实验报告

(1) 整理实验数据,进行必要的计算,列出表格,画出必要的波形。

(2) 讨论 R_{b1}、R_c 和 R_L 的变化对静态工作点、电压放大倍数及电压波形的影响。

(3) 讨论为提高放大电路的电压放大倍数应采取哪些方法。

(4) 讨论静态工作点对放大电路输出波形的影响。

七、设计性实验

1. 实验目的

掌握单管共射放大电路元器件参数的计算与选择,调试电路并测试放大电路的各项性能指标。

2. 设计题目

图 2.7 所示为固定偏置的共射放大电路原理图。已知:$V_{CC}=12V$,$C_1=C_2=C_e=47\mu F$,晶体管为 9013,$\beta=100$,要求静态工作点 $I_{CQ}\geq 1mA$,$U_{CEQ}\geq 3V$,$A_u=100$,$R_i=2k\Omega$,$R_o=5.1k\Omega$。

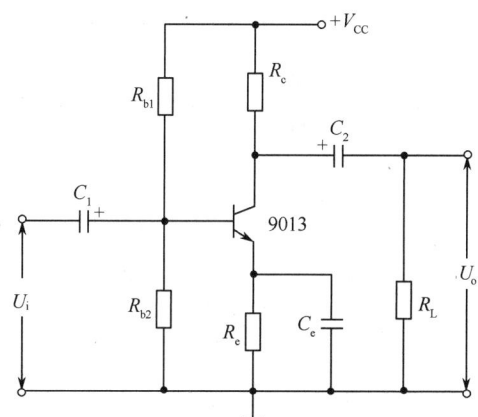

图 2.7 固定偏置的共射放大电路原理图

3. 实验内容及要求

(1) 根据设计要求确定 R_{b1}、R_{b2}、R_c 和 R_e 的值,并按图 2.7 连接好实验电路。

(2) 按设计要求调试放大电路的静态工作点,并分析 V_{CC}、R_e、R_c、R_{b1} 和 R_{b2} 的变化对静态工作点的影响,总结其规律。

(3) 观察静态工作点变动时对输出波形和放大倍数的影响。

(4) 测量所设计电路的电压放大倍数、输入电阻、输出电阻、通频带和动态范围。

实验 3 射极跟随器

一、实验目的
(1) 掌握射极跟随器的特性及测试方法。
(2) 进一步掌握放大电路各项参数的测试方法。

二、实验原理
图 3.1 所示为射极跟随器(共集电极放大电路)的原理图。由交流通路可见,晶体管的负载接在发射极,其输入电压加在基极和地之间,而输出电压取自发射极和地之间(集电极为交流地),所以集电极为输入、输出信号的公共端。

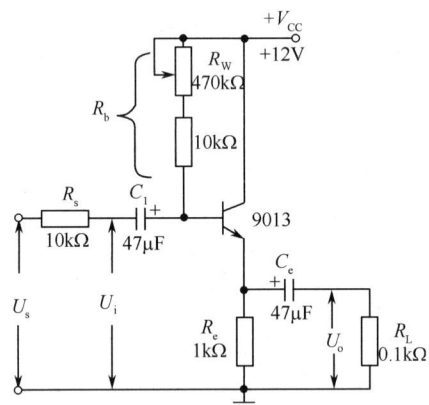

图 3.1 射极跟随器的原理图

射极跟随器是一个电压串联负反馈放大电路,具有输入阻抗高,输出阻抗低,输出电压能够在较大范围内跟随输入电压做线性变化及输入、输出信号同相等特点。

1. 电压放大倍数 A_u 接近于 1

$$A_u = \frac{U_o}{U_i} = \frac{(1+\beta)(R_e /\!/ R_L)}{r_{be} + (1+\beta)(R_e /\!/ R_L)}$$

一般 $(1+\beta)(R_e /\!/ R_L) \gg r_{be}$,故射极跟随器的电压放大倍数接近 1 而略小于 1,这是深度电压负反馈的结果。但它的射极电流比基极电流大 β 倍,所以它具有一定的电流和功率放大作用。输出电压和输入电压同相,因此具有良好的跟随特性。

2. 输入电阻 R_i 高

根据图 3.1 所示电路得

$$R_i = r_{be} + (1+\beta) R_e$$

如果考虑偏置电阻 R_b 和负载 R_L 的影响,则

$$R_i = R_b /\!/ [r_{be} + (1+\beta)(R_e /\!/ R_L)]$$

由上式可知,射极跟随器的输入电阻 R_i 比单管共射放大电路的输入电阻要高得多。输入电阻的测试方法同实验 2 中输入电阻的测试方法。

3. 输出电阻 R_o 低

在图 3.1 电路中,输出电阻为

$$R_o = \frac{r_{be}}{1+\beta} // R_e \approx \frac{r_{be}}{1+\beta}$$

如果考虑信号源内阻 R_s 和偏置电阻 R_b,则

$$R_o = \frac{r_{be}+(R_s // R_b)}{1+\beta} // R_e \approx \frac{r_{be}+(R_s // R_b)}{1+\beta}$$

由上式可知射极跟随器的输出电阻 R_o 比单管共射放大电路的输出电阻($R_o \approx R_c$)小得多。输出电阻的测试方法同实验 2 中输出电阻的测试方法。

由于射极跟随器的以上特点,使它在电子线路中得以广泛应用。它的输入电阻大而被广泛用于测量仪器的输入级,以减小对被测电路的影响;输出电阻小而常用于多级放大器的输出级,以增强末级带负载的能力;其输入电阻大而输出电阻小的特点,又常将它作为中间缓冲级,以达到级间阻抗变换的目的。

三、实验仪器

- 示波器　　　　　　　　1 台
- 信号发生器　　　　　　1 台
- 模拟电路实验箱　　　　1 台
- 万用表　　　　　　　　1 只

四、实验内容

1. 实验仪器的连接

按图 3.1 接好电路,将仪器和实验电路按图 2.6 正确地连接起来。

2. 测量电路的静态工作点

调节信号发生器,使 $U_i=0.1V$,$f=1kHz$,接上负载 R_L,调节 R_w,输出端用示波器观察波形不失真,然后置 $U_i=0$,用万用表的直流电压挡测量静态工作点,将测量结果记入表 3.1。在整个测试过程中,应保持 R_b 不变(I_E 不变)。

表 3.1　静态工作点实验数据记录表

U_{BE}/V	V_E/V	$U_{CE}=V_{CC}-V_E$ /V	$I_C \approx V_E/R_e$ /mA

3. 测量电压放大倍数 A_u

在上述静态条件下,调节信号发生器,使 $U_i=0.1V$,$f=1kHz$,接上负载 R_L,用示波器测 U_{oL},记入表 3.2。

表 3.2　电压放大倍数记录表

U_i/V	U_{oL}/V	$A_u=U_{oL}/U_i$
0.1		

4. 测量输出电阻 R_o

在上述条件下,断开负载 R_L,用示波器测量 U_o,记入表3.3。

表3.3 输出电阻记录表

U_i/V	U_o/V	$R_o = \left(\dfrac{U_o}{U_{oL}} - 1\right) R_L$
0.1		

5. 测量输入电阻 R_i

在上述静态条件下,调节信号发生器,使 $U_i = 0.1\text{V}$,测量 U_s,记入表3.4。

表3.4 输入电阻记录表

U_s/V	U_i/V	$R_i = \dfrac{U_i}{U_s - U_i} \cdot R_s$
	0.1	

6. 测试跟随特性

接入负载 R_L,调节信号发生器,使 U_i 的 $f = 1\text{kHz}$,逐步增大信号幅度,用示波器监视输出波形直至输出波形达到最大不失真,测量对应的 U_{oL} 值,记入表3.5。

表3.5 跟随特性实验数据记录表

U_i/V	
U_{oL}/V	

7. 测量通频带

输入信号 $U_i = 0.1\text{V}$,并保持不变,测量方法同实验2,测量数据记入表3.6。

表3.6 通频带实验数据记录表

U_o/V($f=1\text{kHz}$)	$0.707U_o$/V	f_L/Hz	f_H/Hz	$f_{BW} = f_H - f_L$/Hz

五、预习要求

(1) 复习射极跟随器的工作原理及其特点。
(2) 根据图3.1估算射极跟随器的静态工作点、电压放大倍数及输入、输出电阻。

六、实验报告

(1) 画出实验电路。
(2) 将实验数据列成表格,与计算值进行比较。

七、设计性实验

1. 实验目的

掌握射极跟随器元器件参数的计算与选择,调试电路并测试放大电路的各项性能指标。

2. 设计题目

图3.2所示为射极跟随器设计电路,已知:$R_L = 100\Omega$,晶体管为9013,$\beta = 100$,要求输出电压 $U_o \geqslant 3\text{V}$。

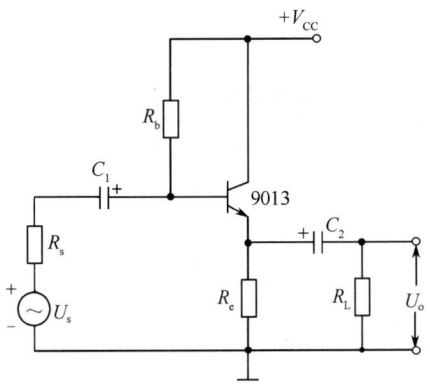

图 3.2　射极跟随器设计电路

3. 实验内容及要求

（1）根据设计要求确定 V_{CC}、R_e、R_b 和 R_s 的值，并检验所给晶体管参数是否满足电路设计要求。

（2）根据所选定的元器件参数估算电压放大倍数和电压跟随范围。

（3）按图 3.2 连接好电路，进行动态调试使电路满足设计要求。

实验 4 场效应管放大电路

一、实验目的
(1) 了解结型场效应管的性能和特点。
(2) 掌握场效应管放大电路静态参数和动态参数的测试方法。

二、实验原理
场效应管是一种电压控制型器件,按结构可分为结型和绝缘栅型两种类型。由于场效应管栅源极之间处于绝缘或反向偏置,所以输入电阻很高(一般达上百兆欧)。又由于场效应管是一种多数载流子控制器件,因此热稳定性好,抗辐射能力强,噪声系数小,加之制造工艺简单,便于大规模集成,因此得到越来越广泛的应用。

1. 结型场效应管的特性和参数

场效应管的特性主要有输出特性和转移特性。图 4.1 所示为 N 沟道结型场效应管 3DJ6F 的输出特性和转移特性曲线。3DJ6F 的直流参数主要有饱和漏极电流 I_{DSS}、夹断电压 U_P 等;交流参数主要有低频跨导

$$g_m = \frac{\Delta i_D}{\Delta u_{GS}}\bigg|_{U_{DS}=常数}$$

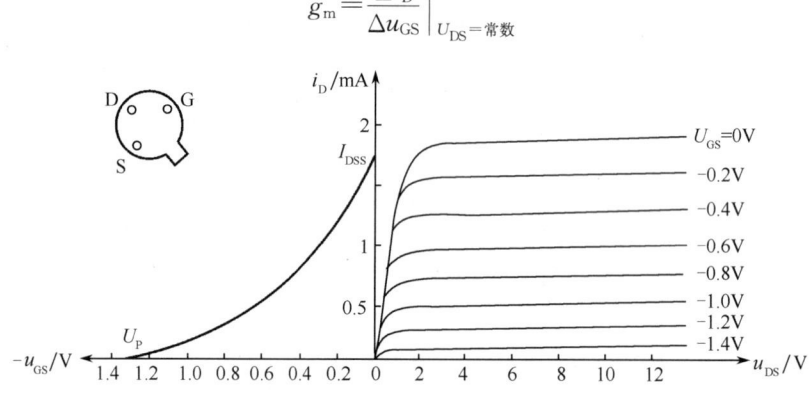

图 4.1 3DJ6F 的输出特性和转移特性曲线

表 4.1 列出了 3DJ6F 的典型参数值及测试条件。

表 4.1 3DJ6F 的典型参数值及测试条件

参数名称	饱和漏极电流 I_{DSS}/mA	夹断电压 U_P/V	跨导 $g_m/(\mu A/V)$
测试条件	$U_{DS}=10V$ $U_{GS}=0V$	$U_{DS}=10V$ $I_{DS}=50\mu A$	$U_{DS}=10V$ $I_{DS}=3mA$ $f=1kHz$
参数值	1~3.5	<|−9|	>100

2. 场效应管放大电路性能分析

图 4.2 所示为结型场效应管组成的共源极放大电路,其静态工作点为

$$U_{GS} = U_G - U_S = \frac{R_{g1}}{R_{g1}+R_{g2}}V_{DD} - I_D R_S$$

$$I_D = I_{DSS}\left(1 - \frac{U_{GS}}{U_P}\right)^2$$

中频电压放大倍数为

$$A_u = -g_m R_L' = -g_m(R_D /\!/ R_L)$$

式中,跨导 g_m 可用下面公式计算

$$g_m = -\frac{2I_{DSS}}{U_P}\left(1 - \frac{U_{GS}}{U_P}\right)$$

注意:计算时 U_{GS} 要用静态工作点处的数值。

输入电阻为

$$R_i = R_G + R_{g1} /\!/ R_{g2}$$

输出电阻为

$$R_o \approx R_D$$

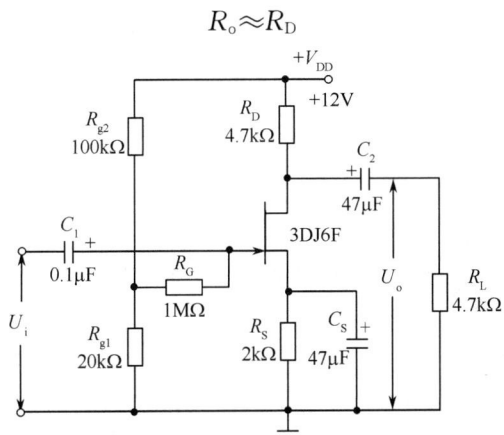

图 4.2 结型场效应管组成的共源极放大电路

3. 输入电阻的测量方法

场效应管放大电路的静态工作点、电压放大倍数和输出电阻的测量方法,与实验 2 中晶体管放大电路的测量方法相同。其输入电阻的测量,从原理上讲,也可采用实验 2 中所用的方法,但由于场效应管的 R_i 比较大,如果直接测量输入电压 U_s 和 U_i,则限于测量仪器的输入电阻有限,必然会带来较大的误差。因此为了减小误差,常利用被测放大电路的隔离作用,通过测量输出电压 U_o 来计算输入电阻。测量电路如图 4.3 所示,S_2 断开,在放大电路的输入端串入电阻 R,合上开关 S_1(即 $R=0$),测量放大电路的输出电压 $U_{o1}=A_u \times U_s$;保持 U_s 不变,再把开关 S_1 断开(即接入 R),测量放大电路的输出电压 U_{o2},由于两次测量中 A_u 和 U_s 保持不变,故

$$U_{o2} = A_u U_i = \frac{R_i}{R+R_i}U_s A_u$$

由此可以求出

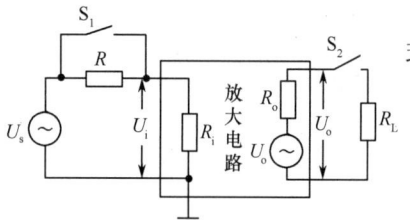

图 4.3 输入、输出电阻测量电路

$$R_i = \frac{U_{o2}}{U_{o1} - U_{o2}} R$$

式中,R 和 R_i 不要相差太大,本实验可取 $R = 100\text{k}\Omega$。

三、实验仪器

- 示波器　　　　　　　1 台
- 信号发生器　　　　　1 台
- 模拟电路实验箱　　　1 台
- 万用表　　　　　　　1 只

四、实验内容

1. 测量电路的静态工作点

(1) 按图 4.2 连接电路,注意电容的极性不要接反,场效应管的 G、D、S 极要连接正确,最后连接电源线。

(2) 仔细检查连接好的电路,确认无误后,接通直流电源。

(3) 按表 4.2 用万用表测量各静态值,将结果记入表 4.2 中。

表 4.2 静态工作点的实验数据记录表

测量值			测算值			计算值		
V_G/V	V_S/V	V_D/V	U_{DS}/V	U_{GS}/V	I_D/mA	U_{DS}/V	U_{GS}/V	I_D/mA

2. 电压放大倍数、输入电阻、输出电阻的测量

将信号发生器接在图 4.3 的 U_i 端,用示波器观察输出电压波形,并测量输入电压 U_i 和输出电压 U_o。

(1) A_u 和 R_o 的测量

在放大电路的输入端加入 $f = 1\text{kHz}$ 的正弦信号,$U_i = 50\text{mV}$(峰-峰值),并用示波器监视输出电压 U_o 的波形。在输出电压 U_o 没有失真的条件下,分别测量 $R_L = \infty$ 和 $R_L = 4.7\text{k}\Omega$ 的输出电压 U_o(注意:U_i 保持不变),记入表 4.3。

表 4.3 A_u 和 R_o 测量数据记录表

R_L	测量值				计算值	
	U_i/V	U_o/V	A_u	R_o/kΩ	A_u	R_o/kΩ
∞						
4.7kΩ						

用示波器同时观察 U_i 和 U_o 的波形,描绘出来并分析它们的相位关系。

(2) R_i 的测量

调节信号发生器,使 $U_s = 50\text{mV}$(峰-峰值),$f = 1\text{kHz}$,将开关 S_1 合上,S_2 断开,测出 $R = 0$ 时的输出电压 U_{o1},然后将开关 S_1 断开,U_s 保持不变,再测出 U_{o2},根据公式 $R_i = \frac{U_{o2}}{U_{o1} - U_{o2}} R$ 求出 R_i,把结果记入表 4.4。

表 4.4 R_i 测量数据记录表

测量值			计算值
U_{o1}/V	U_{o2}/V	$R_i/kΩ$	$R_i/kΩ$

五、预习要求

（1）复习有关场效应管的内容，了解放大电路输入、输出电阻的测量方法，掌握本实验中使用的测试方法。

（2）场效应管放大电路输入回路中的电容 C_1 为什么可取得小一点（可以取 $C_1=0.1\mu F$）？

（3）为什么测场效应管输入电阻时要用测输出电压的方法？

（4）测静态工作点电压 U_{GS} 时，能否用万用表直接并在两端测量？为什么？

六、实验报告

（1）整理实验数据，将测得的 A_u、R_i、R_o 和理论计算值进行比较。

（2）将场效应管放大电路与晶体管放大电路进行比较，总结场效应管放大电路的特点。

七、设计性实验

1. 实验目的

掌握场效应晶体管放大电路元器件参数的计算与选择，调试电路并测试放大电路的各项性能指标。

2. 设计题目

试分析图 4.4 所示共源极场效应管放大电路。已知：$V_{DD}=24V$，$R_D=3.9kΩ$，$R_G=2.5MΩ$，$R_S=47Ω$，$C_1=0.01\mu F$，$C_2=C_S=47\mu F$，场效应管采用 3DJ6F，其夹断电压 $U_P=-3.2V$，漏极饱和电流 $I_{DSS}=5mA$。

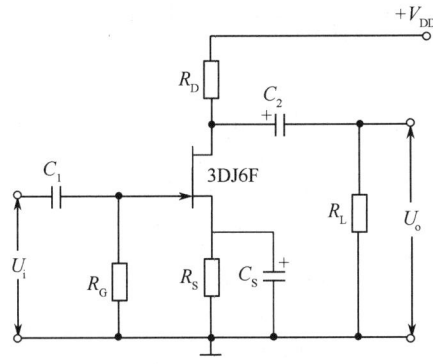

图 4.4 共源极场效应管放大电路

3. 实验内容及要求

（1）估算电路静态工作点 I_D、U_{GS}、U_{DS} 和电压放大倍数 A_u、跨导 g_m。

（2）确定 $R_S=47Ω$ 和 $R_S=500Ω$ 两种情况下电路所处的工作状态，选择其中一种合适状态作为电路的源极电阻。

（3）按图 4.4 连接好电路，测量电路的静态工作点、电压放大倍数和跨导，将实际测量值和理论值进行比较，分析产生误差的原因。

实验 5　差动放大电路

一、实验目的
(1) 加深对差动放大电路性能及特点的理解。
(2) 学习差动放大电路主要性能指标的测试方法。

二、实验原理
图 5.1 所示为典型差动放大电路的基本结构,它由两个元器件参数相同的基本共射放大电路组成。调零电位器 R_w 用来调节 VT_1、VT_2 的静态工作点,使得输入信号 $U_i=0$,双端输出电压 $U_o=0$。R_e 为 VT_1、VT_2 公用的发射极电阻,它对差模信号无负反馈作用,因而不影响差模电压放大倍数,但对共模信号有较强的负反馈作用,故可以有效抑制零漂,稳定静态工作点。

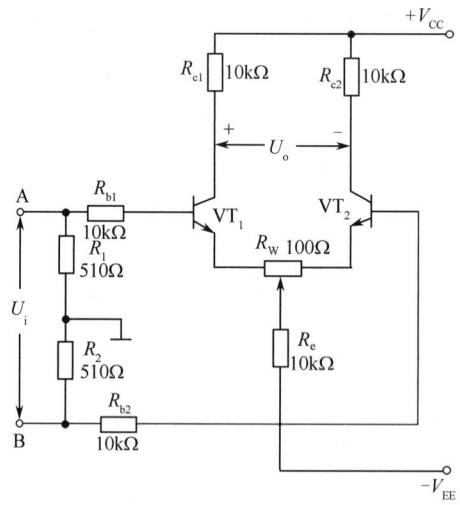

图 5.1　典型差动放大电路的基本结构

1. 静态工作点的估算

$$I_E \approx \frac{V_{EE}-U_{BE}}{R_e}(认为 V_{B1}=V_{B2} \approx 0)$$

$$I_{C1}=I_{C2}=\frac{1}{2}I_{R_e}$$

2. 差模电压放大倍数 A_d 和共模电压放大倍数 A_c

当差模放大电路的射极电阻 R_e 足够大,或采用恒流源电路时,差模电压放大倍数 A_d 由输出方式决定,而与输入方式无关。

当 R_w 在中心位置时,有

$$A_d=\frac{\Delta U_o}{\Delta U_i}=-\frac{\beta R_c}{R_b+r_{be}+\frac{1}{2}(1+\beta)R_w}$$

单端输出

$$A_{d1} = \frac{\Delta U_{C1}}{\Delta U_i} = \frac{1}{2}A_d, \qquad A_{d2} = \frac{\Delta U_{C2}}{\Delta U_i} = -\frac{1}{2}A_d$$

当输入共模信号时,若为单端输出,则有

$$A_{c1} = A_{c2} = \frac{\Delta U_{C1}}{\Delta U_i} = \frac{-\beta R_c}{R_b + r_{be} + (1+\beta)\left(\frac{1}{2}R_W + 2R_e\right)} \approx -\frac{R_c}{2R_e}$$

若为双端输出,在理想情况下,有

$$A_c = \frac{\Delta U_o}{\Delta U_i} = 0$$

实际上由于元器件不可能完全对称,因此 A_c 不可能等于零。

3. 共模抑制比(CMRR)

为了表征差动放大电路对有用信号(差模信号)的放大作用和对共模信号的抑制能力,通常用一个综合指标来衡量,即共模抑制比(CMRR),为

$$\text{CMRR} = \left|\frac{A_d}{A_c}\right| \quad \text{或} \quad \text{CMRR} = 20\log\left|\frac{A_d}{A_c}\right| \text{ (dB)}$$

差动放大电路的输入信号可采用直流信号,也可以采用交流信号。本实验的输入信号频率 $f = 1\text{kHz}$。

三、实验仪器

- 示波器　　　　　　1台
- 信号发生器　　　　1台
- 模拟电路实验箱　　1台
- 万用表　　　　　　1只

四、实验内容

按图 5.1 连接实验电路,检查无误后接通 ±12V 电源。

1. 测量静态工作点

(1) 调节放大电路的零点

信号发生器不接入,将放大电路的输入端 A、B 与地短接,用万用表的直流电压挡测量输出电压 U_o,调节电位器 R_W,使 $U_o = 0$。调节要仔细,力求准确。

(2) 测量静态工作点

零点调好以后,用万用表的直流电压挡测量 VT_1、VT_2 各电极的对地电位以及发射极电阻 R_e 的两端电压 U_{R_e},记入表 5.1。

表 5.1　静态工作点测量数据记录表

U_{BE1}/V	V_{C1}/V	V_{E1}/V	U_{BE2}/V	V_{C2}/V	V_{E2}/V	U_{R_e}/V

2. 测量差模电压放大倍数

断开直流电源,将信号发生器的输出端接放大电路的输入端 A,地端接放大电路的输入端 B,构成双端输入方式(注意:此时信号源浮地),调节输入信号频率 $f = 1\text{kHz}$ 的正弦信号,输出

旋钮旋至零,用示波器监视输出端(集电极 C_1 或 C_2 与地之间)。

接通±12V 直流电源,逐渐增大输入电压 U_i(约 100mV),在输出波形无失真的情况下,用示波器测 U_i、U_{C1}、U_{C2},记入表5.2中,并观察 U_i、U_{C1}、U_{C2} 之间的相位关系及 U_{R_e} 随 U_i 改变而变化的情况(若测 U_i 时有浮地干扰,可分别测 A 端和 B 端对地间的电压,两者之差为 U_i)。

表 5.2 差模电压放大倍数测量数据记录表

	U_i	U_{C1}/V	U_{C2}/V	$A_d=\dfrac{U_o}{U_i}$	$A_c=\dfrac{U_o}{U_i}$	CMRR=$\left\|\dfrac{A_d}{A_c}\right\|$
双端输入	100mV					—
共模输入	1V			—		

3. 测量共模电压放大倍数

将放大电路的 A、B 两端短接,信号发生器接 A 端与地之间,构成共模输入方式。调节输入信号 $f=1$kHz,$U_i=1$V,在输出电压无失真的情况下,测量 U_{C1}、U_{C2} 的值,记入表 5.2,并观察 U_i、U_{C1}、U_{C2} 之间的相位关系及 U_{R_e} 随 U_i 改变而变化的情况。

五、预习要求

(1) 根据实验电路参数,估算典型差动放大电路的静态工作点及差模电压放大倍数(取 $\beta_1=\beta_2=100$)。

(2) 测量静态工作点时,放大电路输入端 A、B 与地应如何连接?

(3) 实验中怎样获得双端和单端输入差模信号?怎样获得共模信号?画出 A、B 端与信号源之间的连接图。

(4) 怎样调节放大电路的零点?用什么仪表测 U_o?

(5) 怎样用示波器测双端输出电压 U_o?

六、实验报告

(1) 整理实验数据,列表比较实验结果和理论估算值,分析产生误差的原因。

① 静态工作点和差模电压放大倍数。

② 典型差动放大电路单端输出时 CMRR 的实测值与理论值比较。

③ 典型差动放大电路单端输出时 CMRR 的实测值与恒流源差动放大电路(见图 5.2)单端输出时 CMRR 的实测值比较。

(2) 比较 U_i、U_{C1} 和 U_{C2} 之间的相位关系。

(3) 根据实验结果,总结电阻 R_e 的作用。

七、设计性实验

1. 实验目的

通过实验了解差动放大电路元器件参数的计算和选择、电路调试方法及性能的测试方法,深刻掌握差动放大电路的结构特点和工作原理,理解共模抑制比的含义,掌握如何提高差动电路的共模抑制比。

2. 设计题目

恒流源差动放大电路如图 5.2 所示,已知电路的部分元器件参数如下:$R_3=R_4=R_{c1}=R_{c2}=10$kΩ,$R_1=R_2=100$Ω,$R_5=2.2$kΩ,$R_W=200$Ω,VT_1、VT_2、VT_3 都为 9013($\beta=100$),

$V_{CC}=12V$,稳压管 VD_Z 采用 2CW16。要求差模电压放大倍数 $A_d \geq 6$,试确定 R_e 和 R_L 的值。

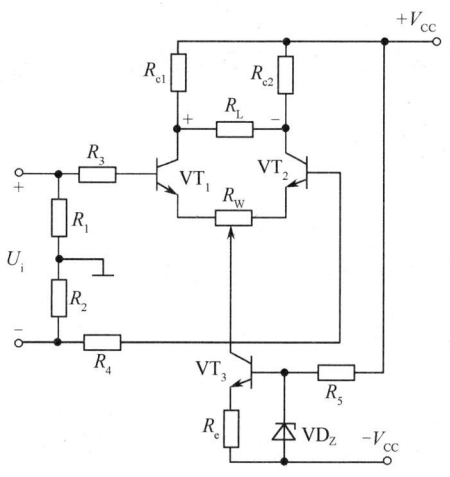

图 5.2 恒流源差动放大电路

3. 实验内容及要求

(1) 按照题目给定的要求,确定电路中 R_e 和 R_L 的值,计算过程要详细。
(2) 按图 5.2 连接实验电路,检查无误后接通直流电源。
(3) 测量电路的静态工作点和动态参数,满足设计要求。
(4) 自拟实验步骤和测试方法,分析实验结果,并得出结论。

实验6　负反馈放大电路

一、实验目的

(1) 掌握电压串联负反馈放大电路性能、指标的测试方法。
(2) 了解电压串联负反馈对放大电路性能、指标的影响。
(3) 掌握负反馈放大电路频率特性的测试方法。

二、实验原理

负反馈在电子电路中有着非常广泛的应用。虽然负反馈使放大电路的放大倍数降低，但它在多个方面能改善放大电路的动态参数，如稳定电压放大倍数，改善输入、输出电阻，减小非线性失真和展宽通频带等。因此，几乎所有的实用放大电路都带有负反馈。

负反馈放大电路有4种组态，即电压串联负反馈、电压并联负反馈、电流串联负反馈、电流并联负反馈。本实验以电压串联负反馈为例，分析负反馈对放大电路各项性能指标的影响。

1. 带负反馈的两级阻容耦合放大电路

图6.1所示为带负反馈的两级阻容耦合放大电路(以下简称负反馈放大电路)，在电路中通过电阻 R_f 把输出电压 U_o 引回输入端，并加在晶体管 VT_1 的发射极上，在发射极电阻 R_{f1} 上形成反馈电压 U_f。根据反馈的判断方法可知，它属于电压串联负反馈。

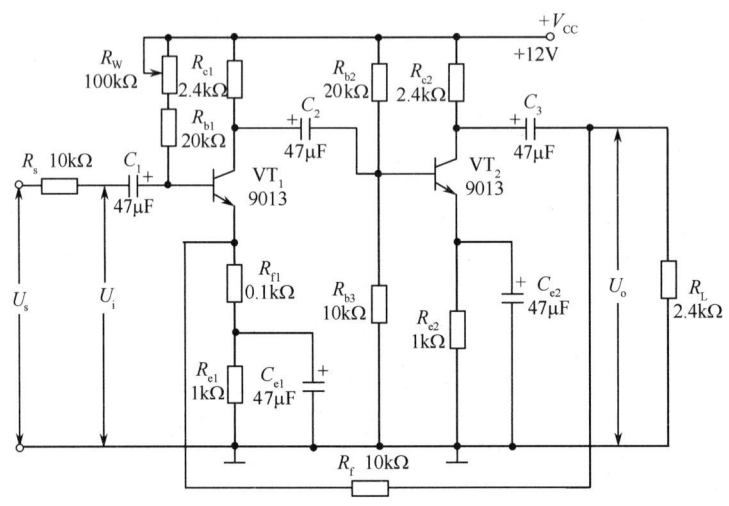

图6.1　带负反馈的两级阻容耦合放大电路

(1) 闭环电压放大倍数 A_{uf}

$$A_{uf} = \frac{A_u}{1 + A_u F_u}$$

式中，$A_u = U_o/U_i$ 为基本放大电路(无反馈)的电压放大倍数，即开环电压放大倍数(开环增益);$1+A_uF_u$ 为反馈深度,其大小决定了负反馈对放大电路性能改善的程度。

(2) 反馈系数 F_u

$$F_u = \frac{R_{f1}}{R_f + R_{f1}}$$

(3) 输入电阻 R_{if}

$$R_{if} = (1 + A_uF_u)R_i$$

式中,R_i 为基本放大电路的输入电阻(不包括偏置电阻)。

(4) 输出电阻 R_{of}

$$R_{of} = \frac{R_o}{1 + A_uF_u}$$

式中,R_o 为基本放大电路的输出电阻。

2. 基本放大电路的动态参数

本实验还需要测量基本放大电路的动态参数,怎样实现无反馈而得到基本放大电路呢? 不能简单地断开反馈支路,而是既要去掉反馈作用,但又要把反馈网络的影响(负载效应)考虑到基本放大电路中。为此:

① 在画基本放大电路的输入回路时,因为是电压负反馈,所以可将负反馈放大电路的输出端交流短路,即令 $U_o = 0$,此时 R_f 相当于并联在 R_{f1} 上。

② 在画基本放大电路的输出回路时,由于输入端是串联负反馈,因此需要将反馈放大电路的输入端(VT_1 的发射极)开路,此时 $R_{f1} + R_f$ 相当于并接在输出端。

根据上述规律,就可得到如图 6.2 所示的基本放大电路。

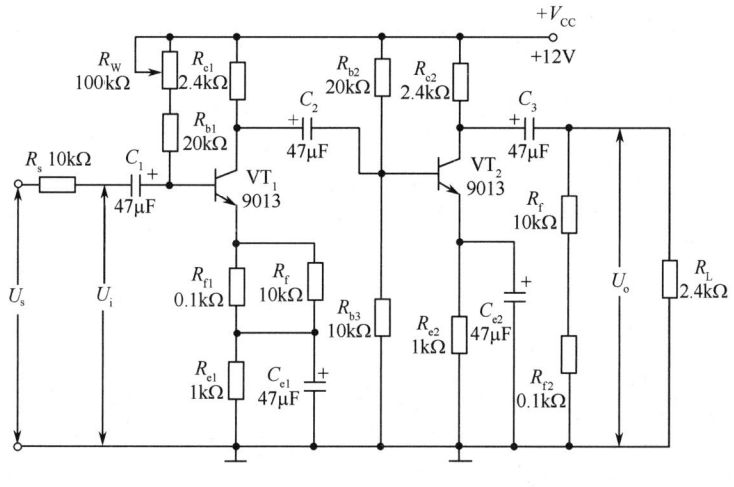

图 6.2　基本放大电路

三、实验仪器

- 示波器　　　　　　　1 台
- 信号发生器　　　　　1 台
- 模拟电路实验箱　　　1 台
- 万用表　　　　　　　1 只

四、实验内容

1. 测量静态工作点

按图 6.2 连接电路,各仪器的连接方法同实验 2 中的图 2.6。断开负载 R_L,调节信号发生器产生 $U_i=1\text{mV}$、$f=1\text{kHz}$ 的信号,调节 R_W,使输出波形不失真,断开信号发生器,用万用表的直流电压挡测量第一级、第二级的静态工作点,完成表 6.1。

表 6.1　静态工作点测量数据记录表

晶体管	测量值			测算值	
	U_{BE}/V	V_C/V	V_E/V	U_{CE}/V	I_C/mA
VT_1					
VT_2					

2. 测量基本放大电路的各项性能指标

按图 6.2 连接电路。

(1) 测量电压放大倍数 A_u、输入电阻 R_i 和输出电阻 R_o。

在上述静态条件下,保持 $U_i=1\text{mV}$,$f=1\text{kHz}$ 不变,测量 U_s、U_i、U_o 及接上负载时的 U_{oL} 值,完成表 6.2。

表 6.2　电压放大倍数、输入电阻和输出电阻测量数据记录表

类型	U_s/mV	U_i/mV	U_{oL}/V	U_o/V	A_{uf}	R_{if}/kΩ	R_{of}/kΩ
基本放大电路		1					
负反馈放大电路		1					

(2) 测量通频带

接上负载 R_L,保持 U_i 不变,然后增加和减小输入信号的频率,找出上、下限频率 f_H 和 f_L,记入表 6.3。

表 6.3　通频带测量数据记录表

类型	f_H	f_L	$f_{BW}=f_H-f_L$
基本放大电路			
负反馈放大电路			

3. 测试负反馈放大电路的各项性能指标

将实验电路变为图 6.1 所示的负反馈放大电路。在实验内容"1. 测量静态工作点"的静态条件下,用实验内容"2. 测量基本放大电路的各项性能指标"中的方法测量负反馈放大电路的 A_{uf}、R_{if} 和 R_{of},记入表 6.2;测量 f_H 和 f_L,记入表 6.3。

4. 观察负反馈对非线性失真的改善

(1) 实验电路改接成基本放大电路形式,在输入端加入正弦信号,输出端接示波器,逐步增大输入信号的幅度,使输出波形出现失真,记下此时的波形和输入、输出电压的幅度。

(2) 再将实验电路改接成负反馈放大电路形式,增大输入信号的幅度,使输出电压幅度的大小与(1)相同,比较有反馈时输出波形的变化。

五、预习要求

(1) 复习有关负反馈放大电路的内容。

(2) 按电路 6.1 估算放大电路的静态工作点($\beta=100$,$R_w + R_{b1}=100\text{k}\Omega$)。

(3) 估算基本放大电路的 A_u、R_i、R_o；估算负反馈放大电路的 A_{uf}、R_{if} 和 R_{of}，并验算它们之间的关系。

(4) 怎样把负反馈放大电路改接成基本放大电路？为什么要把 R_f 并接在输入端和输出端？

六、实验报告

(1) 将基本放大电路和负反馈放大电路的实测值与理论值列表进行比较。

(2) 根据实验结果,总结电压串联负反馈对放大电路性能的影响。

(3) 若按深度负反馈估算,则闭环电压放大倍数 A_{uf} 为多大？和测量值是否一致？

(4) 若输入信号存在失真,能否用负反馈来改善？

(5) 怎样判断放大电路是否存在自激振荡？如何进行消振？

实验7 集成运放在模拟运算方面的应用

一、实验目的
(1) 掌握集成运算放大器(集成运放)组成的基本运算电路的运算关系。
(2) 掌握集成运放的正确使用方法。
(3) 掌握集成运算比例电路的调试和实验方法,验证理论并分析结果。

二、实验原理
集成运放是一种具有高电压放大倍数的直接耦合多级放大电路,当外部接入不同的线性或非线性元件组成输入和负反馈电路时,它可以灵活地实现各种特定的函数关系。在线性应用方面,可以组成比例、加法、减法、积分、微分、对数等模拟运算电路。

集成运放芯片OP07为8引脚双列直插式(PDIP)组件,引脚排列如图7.1所示,说明如下:

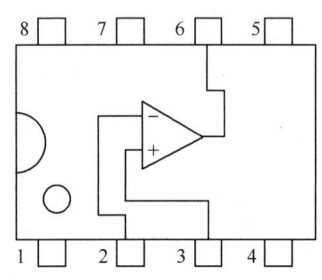

2脚,反相输入端;
3脚,同相输入端;
6脚,输出端;
7脚,正电源端;
4脚,负电源端;
1脚和8脚,偏置平衡(调零端)端;
5脚为空脚。

图7.1 OP07引脚排列

OP07是一种低噪声、非斩波稳零的双极性(双电源供电)集成运放芯片。由于OP07具有非常低的输入失调电压,所以OP07在很多应用场合不需要额外的调零措施。OP07同时具有输入偏置电流低和开环差模增益高的特点,这种低失调、高开环差模增益的特性使得OP07特别适用于高增益的测量设备和放大传感器的微弱信号等方面。OP07的主要性能参数见表7.1。

表7.1 OP07的主要性能参数

电源电压	±3～±18V	开环差模增益 A_{od}	106dB
输入失调电压 U_{IO}	75μV	单位增益带宽积(GBW)	0.6MHz
输入偏置电流 I_{IO}	1.8nA	压摆率 S_R	0.3V/μs
输入电阻 R_i	33MΩ	共模抑制比(CMRR)	120dB
输出电阻 R_o	60Ω	输入电压范围	±14V

1. 反相比例运算电路

电路如图7.2所示,对于理想运放,该电路的输出电压与输入电压之间的关系为

$$U_o = -\frac{R_f}{R_1}U_i$$

为了减小输入偏置电流引起的运算误差,在同相输入端应接入平衡电阻 R_2,$R_2 = R_1 // R_f$。

2. 反相加法运算电路

电路如图7.3所示,该电路的输出电压与输入电压之间的关系为(其中 $R_3 = R_1 // R_2 // R_f$)

$$U_o = -\left(\frac{R_f}{R_1}U_{i1} + \frac{R_f}{R_2}U_{i2}\right)$$

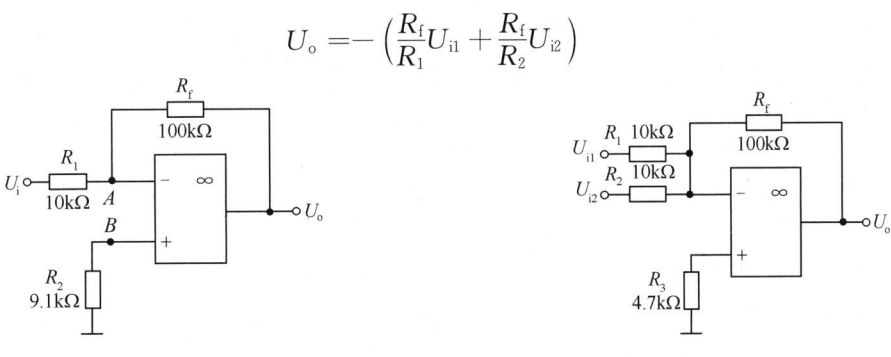

图 7.2　反相比例运算电路　　　　　图 7.3　反相加法运算电路

3. 同相比例运算电路

图 7.4(a) 所示为同相比例运算电路，该电路的输出电压与输入电压之间关系为

$$U_o = \left(1 + \frac{R_f}{R_1}\right)U_i$$

当 $R_1 = \infty$ 时，$U_o = U_i$，即得到如图 7.4(b) 所示的电压跟随器，图中 $R_2 = R_f$，用以减小漂移并起保护作用。一般 R_f 取 $10\text{k}\Omega$，R_f 太小起不到保护作用，太大会影响跟随特性。

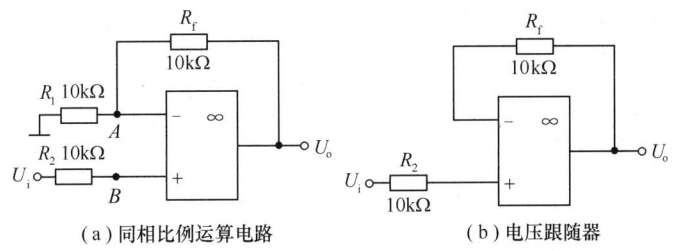

(a) 同相比例运算电路　　　(b) 电压跟随器

图 7.4　同相比例运算电路

4. 减法运算电路（减法器）

对于图 7.5 所示的减法电路，当 $R_1 = R_2$，$R_3 = R_f$ 时，有如下关系式

$$U_o = \frac{R_f}{R_1}(U_{i2} - U_{i1})$$

三、实验仪器

- 示波器　　　　　1 台
- 信号发生器　　　1 台
- 模拟电路实验箱　1 台
- 万用表　　　　　1 只

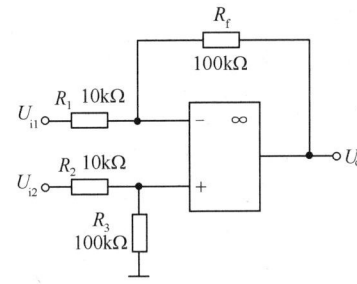

图 7.5　减法运算电路

四、实验内容

1. 反相比例运算电路

(1) 按图 7.2 连接电路。根据所选用的集成运放芯片的引脚功能，组装实验电路，检查无误后接通电源。

(2) 输入 $f = 100\text{Hz}$，$U_i = 0.2\text{V}$ 的正弦交流信号，测量相应的 U_o，并用示波器观察 U_o 和 U_i 的相位关系，记入表 7.2。

(3) 观察 A、B 两点电压的大小，记入表 7.2。

表 7.2　反相比例运算电路测量数据记录表

U_i/V	U_o/V	U_A/V	U_B/V	A_u 实测值	A_u 理论值	U_i 波形	U_o 波形

2. 同相比例运算电路

(1) 按图 7.4(a) 连接电路。实验步骤同上，将结果记入表 7.3。

(2) 观察 A、B 两点电压的大小，记入表 7.3。

(3) 将图 7.4(a) 中的 R_1 断开，得图 7.4(b) 电路，重复步骤(1)。

表 7.3　同相比例运算电路测量数据记录表

U_i/V	U_o/V	U_A/V	U_B/V	A_u 实测值	A_u 理论值	U_i 波形	U_o 波形

3. 反相加法运算电路

(1) 按图 7.3 连接电路。

(2) 取 $f=100\,\text{Hz}$ 的正弦信号，测量 U_o 的值，记入表 7.4。

4. 减法运算电路

(1) 按图 7.5 连接电路。

(2) 实验步骤同实验内容 3，记入表 7.5。

表 7.4　反相加法运算电路测量数据记录表

U_{i1}/V	U_{i2}/V	U_o/V 实测值	U_o/V 理论值
0.2	0.1		

表 7.5　减法运算电路测量数据记录表

U_{i1}/V	U_{i2}/V	U_o/V 实测值	U_o/V 理论值
0.2	0.1		

五、预习要求

(1) 复习集成运放线性应用部分内容，并根据实验电路中各元器件的参数计算各电路输出电压的理论值。

(2) 在反相加法运算电路中，如 U_{i1} 和 U_{i2} 均采用直流信号，并选定 $U_{i2}=-1\text{V}$，当考虑到集成运放芯片的最大输出幅度($\pm 12\text{V}$)时，$|U_{i1}|$ 的大小不应超过多少？

(3) 为了不损坏集成运放芯片，实验中应注意什么问题？

六、实验报告

(1) 画出实验电路，整理和分析实验数据，并与理论值进行比较，分析产生误差的原因。

(2) 对集成运放同相输入、反相输入、双端输入这 3 种输入方式的特点进行小结。

(3) 分析讨论实验中出现的现象和问题。

七、设计性实验

1. 实验目的

掌握比例运算电路的设计方法。通过实验了解影响比例、求和运算电路精度的因素，进一步熟悉电路的特点和功能。

2. 设计题目

(1) 设计一个数学运算电路,实现下列运算关系
$$U_\circ = 2U_{i1} + 2U_{i2} - 4U_{i3}$$
已知:$U_{i1} = 100 \sim 200\text{mV}$;$U_{i2} = 100 \sim 200\text{mV}$;$U_{i3} = 100 \sim 200\text{mV}$,$f = 1\text{kHz}$。

(2) 设计一个 A/D 变换器,要求其输入电压的幅度范围为 $0 \sim +5\text{V}$,现有信号变化范围为 $-5 \sim +5\text{V}$,试设计一电平转换电路,将其变化范围变为 $0 \sim +5\text{V}$。

3. 实验内容及要求

(1) 数学运算电路

① 根据题目设计要求选定电路和集成运放型号,并进行参数设计。

② 按照设计方案组装电路。

③ 根据已知条件,任选几组信号进行测试输入和输出,自拟表格。

④ 换用开环放大倍数更高的集成运放重复上述内容,并比较两种集成运放的运算误差,得出正确的结论。

(2) A/D 变换器

① 根据题目设计要求选定电路和集成运放型号,并进行参数设计。

② 按照设计方案组装电路。

③ 根据给定的条件,加入输入信号后测量输出信号并进行参数测试,并和理论值进行比较。

实验 8　集成运放在波形产生方面的应用

一、实验目的
(1) 了解集成运放在非线性方面的应用。
(2) 掌握利用集成运放构成正弦波、方波、三角波发生器的方法。

二、实验原理

本实验可采用高速结型场效应管四通道输入集成运放 TL084。TL084 具有宽共模和差模电压范围、低输入偏置电流、输出短路保护、高输入阻抗、内部频率补偿、锁存自由操作和高压摆率等特性。TL084 内部包含 4 组形式完全相同的运算放大器，除电源公用外，4 组运算放大器相互独立。每一组运算放大器有 5 个引脚，其中，+INPUTi($i=1\sim4$)、-INPUTi($i=1\sim4$)为信号同相输入端和反相输入端，V_+、V_-为正电源端和负电源端，OUTPUTi($i=1\sim4$)为输出端。TL084 为 14 引脚的 PDIP、SO-14、TSSOP 封装，其中 PDIP 引脚排列如图 8.1 所示。

TL084 可用于信号放大、滤波、比较、积分、微分等电路中。由于其高性能和低噪声，也常用于音频放大器、音频混频器、音频滤波器等音频处理电路中。TL084 广泛应用于工业自动化、音频处理、通信设备、仪器仪表等领域。此外，它还用于电源管理、电压控制等应用中。TL084 的主要性能参数见表 8.1。

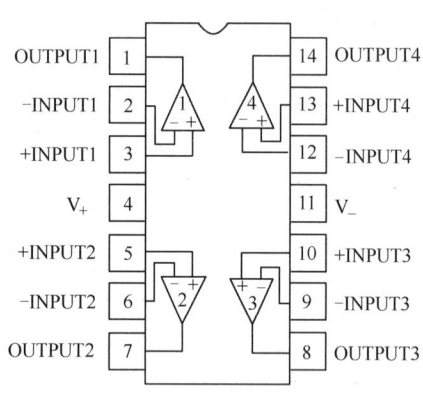

图 8.1　TL084 的引脚排列

表 8.1　TL084 的主要性能参数

电源（双电源）	±5～±18V	最低工作电压（单电源）	7V
输入失调电压 U_{IO}	3mV	开环差模增益 A_{od}	200V/mV
输入偏置电流 I_{IO}	5pA	单位增益带宽积（GBW）	3MHz
输入电阻	$10^{12}\Omega$	压摆率 S_R	13V/μs
输出电阻	100Ω	共模抑制比（CMRR）	86dB

由 TL084 构成的正弦波、方波和三角波发生器有多种电路形式，本实验选用最常用的、线路比较简单的几种电路加以分析。

1. RC 桥式正弦波振荡器（文氏电桥振荡器）

图 8.2 所示为 RC 桥式正弦波振荡器。其中，RC 串、并联电路构成正反馈支路，同时兼作选频网络，R_1、R_2、R_W 及二极管等元件构成负反馈和稳幅环节。调节电位器 R_W，可以改变负反馈深度，以满足振荡的振幅条件并改善波形。利用两个反向并联二极管 VD_1、VD_2 正向导通电阻的非线性特性来实现稳幅。VD_1、VD_2 采用硅管（温度稳定性好），且要求特性匹配，才能保证输出波形正、负半周对称。R_3 的接入是为了削弱二极管非线性的影响，以改善波形失真。

该电路的振荡频率为

$$f_0 = \frac{1}{2\pi RC}$$

起振的振幅条件

$$\frac{R_f}{R_1} \geqslant 2$$

式中，$R_f = R_W + R_2 + (R_3 // r_D)$，$r_D$ 为二极管的正向导通电阻。

调整反馈电阻 R_f（调节 R_W），使电路起振，且波形失真最小。如果不能起振，则说明负反馈太强，应适当加大 R_f；如果波形失真严重，则应减小 R_f。

改变选频网络的参数 R 或 C，即可调节振荡频率。一般采用改变电容 C 进行频率量程切换，而调节 R 进行量程内的频率细调。

2. 方波发生器

由集成运放构成的方波发生器和三角波发生器，一般均包括比较器和积分器两大部分。图 8.3 所示为由滞回比较器和简单 RC 积分电路组成的方波或三角波发生器。它的特点是线路简单，但三角波的线性较差，主要用于产生方波，或对三角波要求不高的场合。

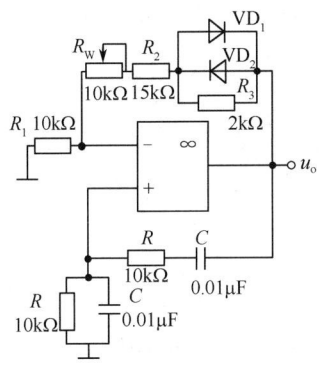

图 8.2　RC 桥式正弦波振荡器

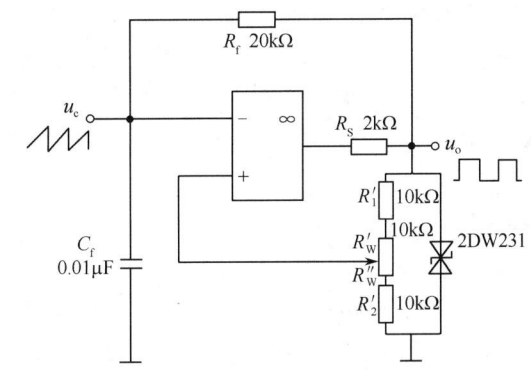

图 8.3　方波或三角波发生器

该电路的振荡频率为

$$f_0 = \frac{1}{2R_f C_f \ln\left(1 + \frac{R_2}{R_1}\right)}$$

式中，$R_1 = R_1' + R_W'$，$R_2 = R_2' + R_W''$。

方波的输出幅值为

$$U_{om} = \pm U_Z$$

三角波的幅值为

$$U_{cm} = \frac{R_2}{R_1 + R_2} U_Z$$

调节电位器 R_W（即改变 R_2/R_1），可以改变振荡频率，但三角波的幅值也随之变化。若要互不影响，则可通过改变 R_f（或 C_f）来实现振荡频率的调节。

3. 方波和三角波发生器

把滞回比较器和积分器首尾相接形成正反馈闭环系统，如图 8.4 所示，则比较器输出的方波经积分器积分得到三角波，三角波又触发比较器自动反转形成方波，这样即可构成方波和三角波发生器。由于采用运放组成积分器，因此可实现恒流充电，三角波的线性大大改善。

该电路的振荡频率为

$$f_0 = \frac{R_2}{4R_1(R_f + R_W)C_f}$$

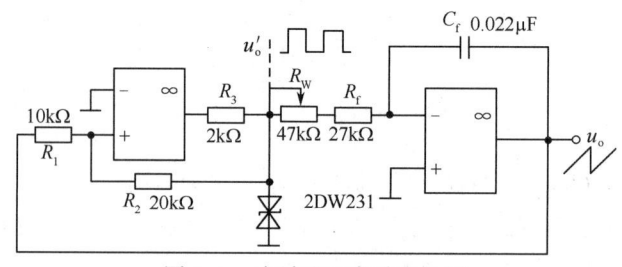

图 8.4　方波和三角波发生器

方波的幅值为
$$U'_{om} = \pm U_Z$$
三角波的幅值为
$$U_{om} = \frac{R_1}{R_2} U_Z$$

调节 R_W，可以改变振荡频率；改变比值 R_1/R_2，可调节三角波的幅值。

三、实验仪器

- 示波器　　　　　　　1 台
- 模拟电路实验箱　　　1 台
- 万用表　　　　　　　1 只

四、实验内容

1. RC 桥式正弦波振荡器

按图 8.2 连接电路，接通电源，输出端接示波器。

(1) 调节电位器 R_W，使输出波形从无到有、从正弦波到出现失真，描绘 u_o 的波形，记录临界起振、正弦波输出及失真情况下的 R_W 值，分析负反馈强弱对起振条件及输出波形的影响。

(2) 调节电位器 R_W，使输出电压 u_o 的幅值最大且输出波形不失真，用示波器分别测量输出电压 U_o、反馈电压 U_+ 和 U_-，分析研究振荡的幅值条件。

(3) 用示波器测量振荡频率 f_0，然后在选频网络的两个电阻 R 上并联同一阻值电阻，观察记录振荡频率的变化情况，并与理论值进行比较。

(4) 断开二极管 VD_1、VD_2，重复 (2) 的内容，将测试结果与 (2) 进行比较，分析 VD_1、VD_2 的稳幅作用。

2. 方波或三角波发生器

按图 8.3 连接电路，接通电源。

(1) 将电位器 R_W 调至中心位置，用示波器观察并描绘方波 u_o 及三角波 u_c 的波形（注意对应关系），测量其幅值及频率，记录数据。

(2) 改变电位器动点的位置，观察 u_o、u_c 的幅值及频率变化情况。把动点分别调至电位器的最上端和最下端，测出频率范围并记录数据。

(3) 将电位器的动点恢复至中心位置，将稳压管开路，观察 u_o 的波形，分析稳压管的限幅作用。

3. 方波和三角波发生器

按图 8.4 连接电路，接通电源。

(1) 将电位器 R_W 调至合适位置，用示波器观察并描绘三角波输出 u_o 及方波输出 u'_o 的波形，测量其幅值、频率及 R_W 值，记录数据。

(2) 改变 R_W 的位置,观察对 u_o、u'_o 幅值及频率的影响。

(3) 改变 R_1(或 R_2),观察对 u_o、u'_o 幅值及频率的影响。

五、预习要求

(1) 复习有关正弦波振荡器、三角波及方波发生器的工作原理,并估算图 8.2、图 8.3 和图 8.4 电路的振荡频率。

(2) 设计实验表格。

(3) 为什么在 RC 桥式正弦波振荡器电路中要引入负反馈支路?为什么要增加二极管 VD_1 和 VD_2?它们是怎样稳幅的?

(4) 怎样测量非正弦波电压的幅值?

六、实验报告

1. RC 桥式正弦波振荡器

(1) 列表整理实验数据,画出波形,把实测频率与理论值进行比较。

(2) 根据实验分析 RC 桥式正弦波振荡器的振幅条件。

(3) 讨论二极管 VD_1、VD_2 的稳幅作用。

2. 方波或三角波发生器

(1) 列表整理实验数据,在同一坐标纸上,按比例画出方波或三角波的波形(标出时间和电压幅值)。

(2) 分析 R_W 变化时对 U_o 波形幅值及频率的影响。

(3) 讨论稳压管的限幅作用。

3. 方波和三角波发生器

(1) 整理实验数据,把实测频率与理论值进行比较。

(2) 在同一坐标纸上,按比例画出方波和三角波的波形,并标明时间和电压幅值。

(3) 分析电路参数变化(R_1、R_2 和 R_W)对输出波形频率及幅值的影响。

七、设计性实验

1. 实验目的

通过设计性实验,全面掌握波形发生器电路理论设计与实验调整相结合的设计方法。

2. 设计题目

(1) 设计一个振荡频率 $f_0 = 1\text{kHz}$ 的 RC 正弦波振荡器,自选集成运放。

(2) 设计一个用集成运放构成的方波和三角波发生器,设计要求如下:

① 频率范围　　　　　　　　　　500～1000Hz;

② 三角波幅值调节范围　　　　　2～4V;

③ 方波幅值　　　　　　　　　　±5V;

④ 集成运放　　　　　　　　　　OP07(或自选)。

3. 实验内容及要求

(1) RC 正弦波振荡器

① 写出设计报告,列出元器件清单。

② 组装、调试 RC 正弦波振荡器电路,使电路产生信号输出。

③ 当输出波形不失真时,测量输出电压的频率和幅值。检验电路是否满足设计要求,如不满足,需要调整设计参数,直到满足为止。

④ 改变有关元件值,使电路的振荡频率发生改变,记录改变后的元件值,测量输出波形的频率。

(2) 方波和三角波发生器

① 写出设计报告,列出元器件清单。

② 组装、调试所设计的电路,使其正常工作。

③ 测量方波的频率和幅值,测量三角波的频率和幅值及其调节范围,检验电路是否满足设计指标。在调整三角波幅值时,注意波形有什么变化,并说明变化的原因。

八、设计内容提示

1. RC 正弦波振荡器的设计与调试

设计一个振荡频率 $f = 1\text{kHz}$ 的 RC 正弦波振荡器。

(1) 选定电路形式

采用图 8.5 所示的 RC 正弦波振荡器电路。

(2) 确定电路元器件参数

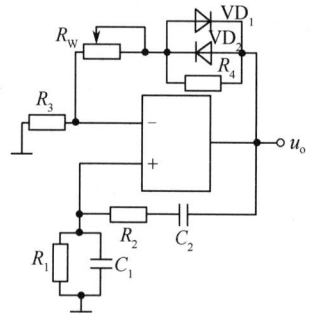

图 8.5 RC 正弦波振荡器电路

① 所选定电路的振荡频率和起振条件

在图 8.5 中,选定 $R_1 = R_2 = R$,$C_1 = C_2 = C$,则该电路的振荡频率为

$$f_0 = \frac{1}{2\pi RC} \tag{8.1}$$

起振条件为

$$R_f \geqslant 2R_3 \tag{8.2}$$

其中,$R_f = R_W + R_4 // r_D$,r_D 为限幅二极管正向导通电阻。

② 选择参数 R、C 的主要依据和条件

i. 因为 RC 正弦波振荡器的振荡频率是由 RC 网络决定的,所以选择 R、C 值时,应把已知的振荡频率作为主要的依据。

ii. 为了使选频网络的特性不受集成运放输入、输出电阻的影响,选择 R 时还应考虑

$$R_i \gg R \gg R_o$$

式中,R_i 为集成运算同相输入端的输入电阻,R_o 为集成运放的输出电阻。

iii. 计算 R 和 C 的值。根据已知条件,由式(8.1)可计算出电容值,初选 $R = 15\text{k}\Omega$,则

$$C = \frac{1}{2\pi f_0 R} = \frac{1}{2 \times 3.14 \times 10^3 \times 15 \times 10^3} = 0.0106 \mu\text{F}$$

取标称值 $C = 0.01\mu\text{F}$,代入式(8.1)得 $R = 15.9\text{k}\Omega$,取标称值 $R = 16\text{k}\Omega$。实际应用时,要注意选稳定性能好的电阻和电容。

iv. 选择电阻 R_3 和 R_f。电阻 R_3 和 R_4 可根据式(8.2)来确定,通常 $R_f = 2.1R_3$,这样能够保证起振,同时又不会引起严重的波形失真。为了减小集成运放输入失调电流及其漂移的影响,应尽量满足 $R = R_3 // R_f$,则可求出

$$R_3 = \frac{3.1}{2.1} R = \frac{3.1}{2.1} \times 16 = 23.6\text{k}\Omega$$

取标称值 $R_3 = 24\text{k}\Omega$,则

$$R_f = 2.1R_3 = 2.1 \times 24 = 50.4 \text{k}\Omega$$

取标称值 $R_f = 51\text{k}\Omega$。注意，R_3 和 R_f 的最佳数据还要通过实验调整来确定。

v. 稳幅电路的作用及参数选择。在实际电路中，由于元器件参数的误差、温度等因素的影响，振荡器往往达不到理论设计的效果。因此，一般在振荡器的负反馈支路中加入自动稳幅电路，根据振荡幅度的变化自动改变负反馈的强弱，达到稳幅的效果。

在图 8.5 中，二极管 VD_1 和 VD_2 在振荡过程中总有一个处于正向导通状态，正向导通电阻 r_D 和 R_4 并联。当振荡幅度大时，r_D 减小，负反馈增强，限制幅度继续增大；反之，当振荡幅度小时，r_D 增大，负反馈减弱，防止幅度继续减小，从而达到稳幅的目的。

稳幅二极管的选择应注意以下两点：为提高电路的稳定性，尽量选择硅管；为了保证上、下幅度对称，两个二极管的特性参数必须匹配。

vi. 电阻 R_W 和 R_4 的确定。理论和实验证明，二极管的正向导通电阻与并联电阻 R_4 差不多时，稳幅特性和改善波形失真都具有较好的效果。通常 R_4 选几千欧，R_4 选定后，R_W 值便可以初步确定，R_W 的调节范围应保证达到所需要的值。

因为
$$R_f = R_W + R_4 /\!/ r_D$$

取 $R_4 \approx r_D$，所以
$$R_W = R_f - R_4 /\!/ r_D = R_f - \frac{1}{2}R_4$$

但是，R_W 和 R_4 的最佳值仍然要通过实验调整来确定。

③ 集成运放的选择

选择集成运放时，除要求输入电阻较高和输出电阻较低外，最主要的是选其增益带宽积满足
$$A_{od}f_{BW} > 3f_0$$

④ 安装调试

i. 安装电路时，应注意所选择的集成运放芯片各个引脚的功能和二极管的极性。

ii. 调整电路时，首先应反复调整 R_W 使电路起振，且波形失真最小。如果电路不起振，说明振荡的幅值条件不满足，应适当加大 R_W；如果波形失真严重，则应减小 R_W 或 R_4。

iii. 测量振荡频率，若测量结果不满足设计要求，可适当改变选频网络的 R 或 C 值，使振荡频率满足设计要求。

2. 方波和三角波发生器的设计与调试

(1) 选择电路形式

图 8.6 所示为一个由积分器和比较器组成的方波和三角波发生器电路。由于采用了积分器，使方波和三角波发生器的性能大为改善。不仅能得到线性比较理想的三角波，而且振荡频率和幅值也便于调节。

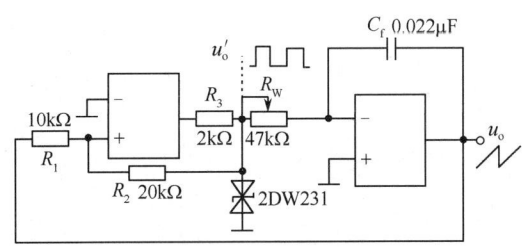

图 8.6 方波和三角波发生器电路

由图 8.6 可知,输出方波的幅值由稳压管决定,被限制在稳压值 $\pm U_Z$ 之间,三角波的幅值 U_{om} 为

$$U_{om} = -\frac{R_1}{R_2}U_Z \tag{8.3}$$

式中,U_Z 为稳压管的稳压值。

方波和三角波的振荡频率相同,其值为

$$f_0 = \frac{R_2}{4R_W C_f R_1} \tag{8.4}$$

(2)确定电路元器件参数

① 稳压管的选择。稳压管的作用是限制和确定方波的幅值。此外,方波振幅的对称性也与稳压管的性能有关。因此,为了保证输出方波的对称性和稳定性,通常选用高精度双向稳压管,按设计要求可以选择稳压值为 $\pm 5V$ 的稳压管,如 2DW231。R_3 是稳压管的限流电阻,其值的大小由所选用的稳压管参数决定。

② 电阻 R_1 和 R_2 的确定。R_1 和 R_2 在电路中的作用是提供一个随输出电压变化的基准电压,以决定三角波的幅值。因此,R_1 和 R_2 的值应根据三角波的幅值来确定。例如,已知 $U_Z = 5V$,三角波的幅值 $U_{om} = 4V$,由式(8.3)可求得

$$R_1 = \frac{4}{5}R_2$$

取 $R_1 = 12k\Omega$,则 $R_2 = 15k\Omega$,如果要求三角波的幅值可调,则应选用电位器。

③ 积分元件 R_W 和 C_f 的确定。R_W 和 C_f 的值可根据三角波的振荡频率 f_0 来确定。当 R_1 和 R_2 的值确定后,可先选定电容 C_f 的值,再由式(8.4)确定 R_W 的值。为了减小积分漂移,应尽量将 C_f 值取得大一些,但 C_f 值越大,漏电也越大。因此,一般积分电容不要超过 $1\mu F$。

(3)集成运放的选择

在方波和三角波发生器电路中,用于电压比较的集成运放,其转换速率应满足方波频率的要求,在要求方波频率较高时,要注意选用高速集成运放。集成运放的选择请参阅积分器的设计。

(4)调试方法

方波和三角波发生器的调试目的,就是使电路输出电压的幅值和振荡频率均达到设计要求。为此,调试可分两步进行。若振荡频率不符合要求,可相应改变电路参数;若三角波幅值未达到设计指标,可相应改变分压系数,调整电阻 R_1 与 R_2 的比值,使之达到设计要求。注意,有时也要互相兼顾,反复调整才能达到指标要求。

实验 9　有源滤波器

一、实验目的
（1）熟悉用集成运放、电阻和电容组成的有源低通、高通、带通、带阻滤波器及其特性。
（2）掌握有源滤波器幅频特性的测量。

二、实验原理
本实验采用集成运放和 RC 网络来组成不同性能的有源滤波电路。

1. 低通滤波器

低通滤波器是指低频信号能通过而高频信号不能通过的滤波器，用一级 RC 网络组成的称为一阶 RC 有源低通滤波器，如图 9.1 所示。

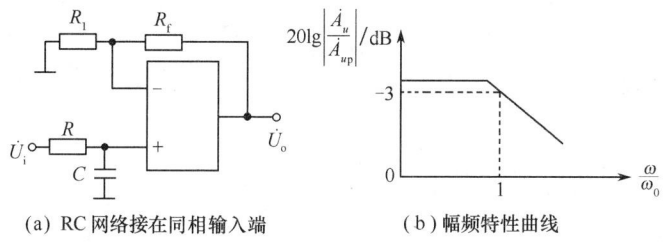

(a) RC 网络接在同相输入端　　　(b) 幅频特性曲线

图 9.1　一阶 RC 有源低通滤波器

根据集成运放的"虚短"和"虚断"特点，可求出图 9.1(a) 电路的电压放大倍数为

$$\dot{A}_u = \frac{\dot{U}_o}{\dot{U}_i} = \frac{1+\dfrac{R_f}{R_1}}{1+\mathrm{j}\dfrac{\omega}{\omega_0}} = \frac{\dot{A}_{up}}{1+\mathrm{j}\dfrac{\omega}{\omega_0}}$$

式中

$$\dot{A}_{up} = 1 + \frac{R_f}{R_1}$$

$$\omega_0 = \frac{1}{RC}$$

其中，A_{up} 和 f_0 分别称为通带放大倍数和截止频率，图 9.1(b) 为幅频特性曲线。

为了改善滤波效果，在图 9.1(a) 的基础上再加一级 RC 网络，且为了克服在截止频率附近的通带范围内幅度下降过多的缺点，通常采用将第一级电容 C 的接地端改接到输出端的方式，即典型的二阶有源低通滤波器，如图 9.2 所示。

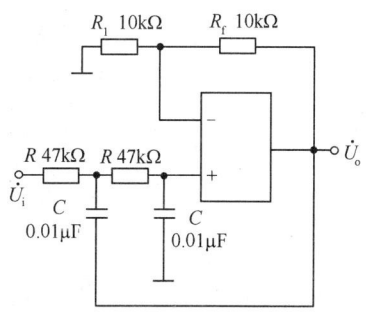

图 9.2　二阶有源低通滤波器

二阶有源低通滤波器的幅频特性为

$$\dot{A}_u = \frac{\dot{U}_o}{\dot{U}_i} = \frac{(sCR)^2 \dot{A}_{up}}{1+(3-A_{up})sCR+(sCR)^2} = \frac{\dot{A}_{up}}{1-\left(\dfrac{\omega}{\omega_0}\right)^2 + \mathrm{j}\dfrac{1}{Q}\dfrac{\omega}{\omega_0}}$$

式中,$\dot{A}_{up} = 1 + \dfrac{R_f}{R_1}$,为二阶有源低通滤波器的通带放大倍数;$\omega_0 = \dfrac{1}{RC}$为截止频率,它是二阶有源低通滤波器通带与阻带的界限频率;$Q = \dfrac{1}{3 - A_{up}}$为品质因数,其大小影响低通滤波器在截止频率处幅频特性的形状。

注:式中 s 代表 $j\omega$。

2. 高通滤波器

将低通滤波器中起滤波作用的电阻、电容互换,即可变成有源高通滤波器,如图9.3所示,其性能与低通滤波器相反,频率响应和低通滤波器呈"镜像"关系。

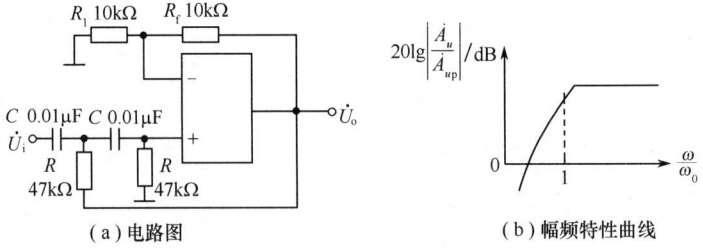

(a)电路图　　(b)幅频特性曲线

图 9.3　有源高通滤波器

该高通滤波器的幅频特性为

$$\dot{A}_u = \dfrac{\dot{U}_o}{\dot{U}_i} = \dfrac{(sCR)^2 \dot{A}_{up}}{1 + (3 - A_{up})sCR + (sCR)^2} = \dfrac{\left(\dfrac{\omega}{\omega_0}\right)^2 \dot{A}_{up}}{1 - \left(\dfrac{\omega}{\omega_0}\right)^2 + j\dfrac{1}{Q}\dfrac{\omega}{\omega_0}}$$

式中,$\dot{A}_{up}$、ω_0、Q 的意义与前同。

3. 带通滤波器

带通滤波器的作用是只允许在一个频率范围内的信号通过,而比通带下限频率低和比上限频率高的信号都被阻断。

典型的带通滤波器可以从二阶低通滤波器中将其中一级改成高通滤波而成,原理图如图9.4(a)所示,其幅频特性曲线如图9.4(b)所示。

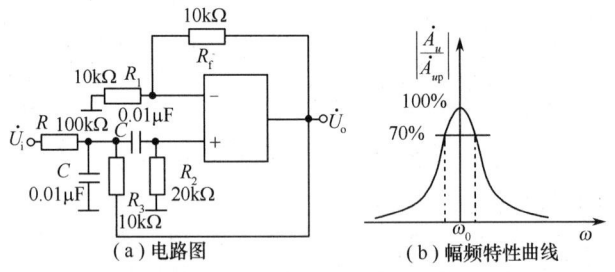

(a)电路图　　(b)幅频特性曲线

图 9.4　二阶有源带通滤波器

二阶有源带通滤波器的输入、输出关系为

$$\dot{A}_u = \dfrac{\dot{U}_o}{\dot{U}_i} = \dfrac{\left(1 + \dfrac{R_f}{R_1}\right)\left(\dfrac{1}{\omega_0 RC}\right)\left(\dfrac{s}{U_o}\right)}{1 + \dfrac{B}{\omega_0}\dfrac{s}{\omega_0} + \left(\dfrac{s}{\omega_0}\right)^2}$$

中心频率　　$$\omega_0 = \sqrt{\dfrac{1}{R_2 C^2}\left(\dfrac{1}{R} + \dfrac{1}{R_3}\right)}$$

通频带 $$f_{BW} = \frac{1}{C}\left(\frac{1}{R} + \frac{2}{R_2} - \frac{R_f}{R_1 R_3}\right)$$

品质因数 $$Q = \frac{\omega_0}{f_{BW}}$$

这种电路的优点是改变 R_f 与 R_1 的比例，就可改变通频带而不影响中心频率。

4. 带阻滤波器

带阻滤波器的性能和带通滤波器相反，即在规定的频带内，信号不能通过（或受到很大的衰减），而在其余频率范围内，信号则能顺利通过，电路图如图 9.5(a) 所示，幅频特性曲线如图 9.5(b) 所示。带阻滤波器常用于抗干扰设备中。

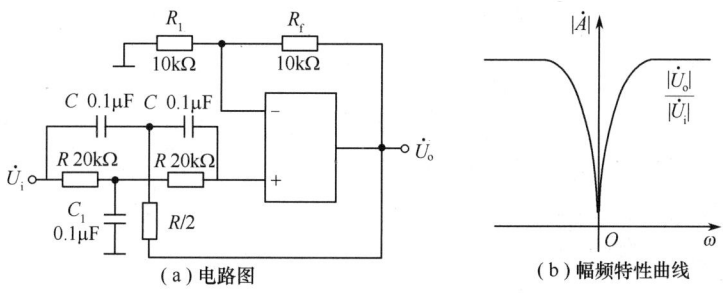

图 9.5　二阶有源带阻滤波器

二阶有源带阻滤波器的输入、输出关系为

$$\dot{A}_u = \frac{\dot{U}_o}{\dot{U}_i} = \frac{\left[1 + \left(\frac{s}{\omega_0}\right)^2\right]\dot{A}_{up}}{1 + 2(2 - \dot{A}_{up})\frac{s}{\omega_0} + \left(\frac{s}{\omega_0}\right)^2}$$

式中，$\dot{A}_{up} = 1 + \frac{R_f}{R_1}$；$\omega_0 = \frac{1}{RC}$；$s = j\omega$。由上式可见，$|\dot{A}_{up}|$ 越接近 2，$|\dot{A}_u|$ 越大，即起到阻止范围变窄的作用。

三、实验仪器

(1) 仪器仪表
- 示波器　　　　　　　1 台
- 信号发生器　　　　　1 台
- 模拟电路实验箱　　　1 台
- 万用表　　　　　　　1 只

(2) 软件

FilterPro 软件和 Multisim 软件。

四、实验内容

1. 二阶有源低通滤波器

实验电路如图 9.2 所示，接通地线及电源。U_i 接信号发生器，令输入信号 $U_i = 1V$ 并保持不变，先用示波器在频带内粗略地检查一下，然后调节信号发生器，改变输入信号频率。测得相应频率时的输出电压值，即改变一次频率，测量一次输出电压 U_o，记入表 9.1。

2. 有源高通滤波器

实验电路如图 9.3(a) 所示。按表 9.2 的内容测量并记录。

表 9.1　二阶有源低通滤波器幅频特性
　　　　测量数据记录表

U_i/V	1
f/Hz	
U_o/V	

表 9.2　有源高通滤波器幅频特性
　　　　测量数据记录表

U_i/V	1
f/Hz	
U_o/V	

3. 带通滤波器

实验电路如图 9.4(a) 所示，并按原理说明中的参数选择元器件，测量其频率响应特性，数据表格自拟。

（1）实测电路的中心频率 f_0。
（2）以实测中心频率为中心，测出电路的幅频特性。

4. 带阻滤波器

实验电路如图 9.5(a) 所示，数据表格自拟。
（1）实测电路的中心频率。
（2）测出电路的幅频特性。

五、预习要求

（1）复习有关滤波器的内容。
（2）计算图 9.2 和图 9.3(a) 的截止频率、图 9.3(a) 和图 9.4(a) 的中心频率。
（3）画出上述 4 种滤波器的幅频特性曲线。
（4）如何区别低通滤波器的一阶、二阶电路？它们的幅频特性曲线有区别吗？

六、实验内容

（1）整理实验数据，画出各电路实测的幅频特性曲线。
（2）根据实验曲线，计算截止频率、中心频率、通频带及品质因数。
（3）总结有源滤波器的特性。

七、设计性实验

1. 实验目的

运用滤波器设计软件 FilterPro 和 Multisim 软件进行仿真优化和电路设计；了解低通滤波器和带通滤波器的设计流程，掌握滤波器电路的调试方法。

2. 设计题目
（1）设计一个二阶低通滤波器，能够从 1kHz 方波中分解出 1kHz 正弦波。
（2）设计一个二阶带通滤波器，能够从 1kHz 方波中分解出 3kHz 正弦波。

3. 实验内容及要求
（1）写出设计报告，包括设计原理、设计电路及如何选择电路元器件参数。
（2）组装和调试设计电路，检验电路是否满足设计指标。如不满足，改变元器件参数值，使其满足设计要求。
（3）写出实验总结报告。

实验 10　电压比较器

一、实验目的
(1) 掌握电压比较器的电路构成及特点。
(2) 掌握测试电压比较器的方法。

二、实验原理

电压比较器就是将一个模拟的电压信号与一个参考电压进行比较,在二者幅度相等的附近,输出电压将产生跃变。它通常用于越限报警、模数转换和波形变换等场合。此时,幅度鉴别的精确性、稳定性及输出反应的时间性是主要的技术指标。图 10.1 所示为一最简单的电压比较器,U_R 是参考电压,加在集成运放的同相输入端,输入电压 U_i 加在反相输入端。

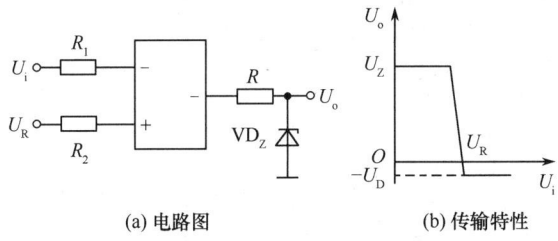

图 10.1　电压比较器

当 $U_i < U_R$ 时,集成运放输出为高电平,稳压管反向稳压工作,输出端电位被其钳位在稳压管的稳定电压,即

$$U_o = U_Z$$

当 $U_i > U_R$ 时,集成运放输出为低电平,VD_Z 正向导通,输出电压等于稳压管的正向压降 U_D,即

$$U_o = -U_D$$

因此,以 U_R 为界,当输入电压 U_i 变化时,输出端反映出两种状态:高电平和低电平。

输出电压与输入电压之间关系的特性,称为传输特性。图 10.1(b) 为图 10.1(a) 的传输特性。

常用的电压比较器有简单过零电压比较器、具有滞回特性的过零电压比较器(又称为施密特触发器)、双限比较器(又称为窗口比较器)等。

(1) 简单过零电压比较器

图 10.2 所示为简单过零比较器,图 10.2(b) 为图 10.2(a) 的传输特性。

(2) 具有滞回特性的过零电压比较器

图 10.3 所示为具有滞回特性的过零比较器。

过零电压比较器在实际工作时,如果 U_i 恰好在过零值附近,则由于零点漂移的存在,U_o 将不断由一个极限值转换到另一个极限值,这在控制系统中对执行机构将是很不利的。为此,

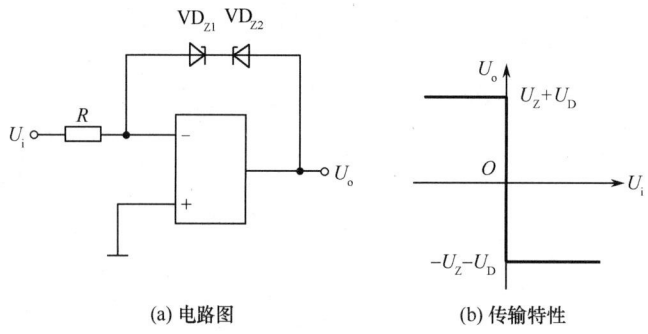

图 10.2 简单过零电压比较器

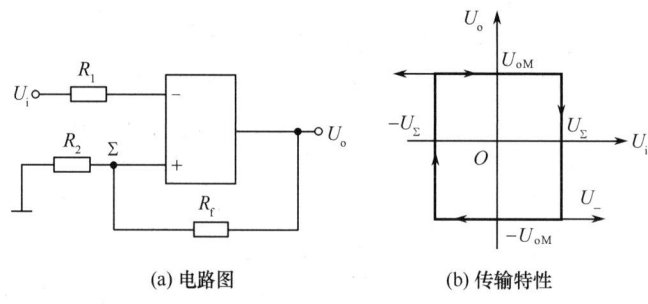

图 10.3 具有滞回特性的过零电压比较器

就需要输出特性具有滞回现象。如图 10.3(a)所示,从输出端引出一个电阻分压支路到同相输入端,若 U_o 改变状态,Σ 点的电位也随着改变,使过零点离开原来位置。当 U_o 为正(记为 U_{oM}),则 U_+ 为 U_Σ,当 $U_i > U_\Sigma$ 后,U_o 即由正变负(记为 $-U_{oM}$),此时 U_+ 变为 $-U_\Sigma$,故只有当 U_i 下降到 $-U_\Sigma$ 以下,才能使 U_o 再度回升到 U_{oM},于是出现图 10.3(b)所示的滞回特性。$-U_\Sigma$ 与 U_Σ 的差称为回差,即

$$U_\Sigma = \frac{R_2}{R_f + R_2} U_{oM}$$

改变 R_2 的值可以改变回差的大小。

(3)窗口比较器

简单的电压比较器仅能鉴别输入电压 U_i 比参考电压 U_R 高或低的情况,窗口比较器是由两个简单电压比较器组成的,如图 10.4 所示,它能指示出 U_i 值是否处于 U_R^+ 和 U_R^- 之间。

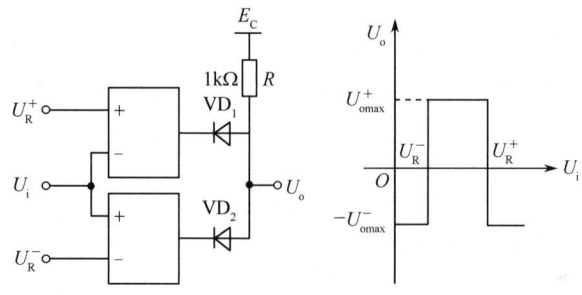

图 10.4 两个简单电压比较器组成的窗口比较器

三、实验仪器

- 示波器　　　　　　1台
- 信号发生器　　　　1台
- 模拟电路实验箱　　1台
- 万用表　　　　　　1只

四、实验内容

1. 过零电压比较器

实验电路如图10.5所示。实验步骤如下：

(1) 接通电源±12V；

(2) 测量 U_i 悬空时的电压 U_o；

(3) U_i 输入500Hz、幅值为2V的正弦信号，观察 $u_i \sim u_o$ 的波形并记录；

(4) 改变 U_i 的幅值，测量传输特性曲线。

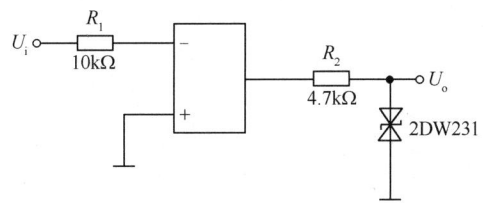

图10.5　过零电压比较器

2. 反相滞回电压比较器

实验电路如图10.6所示。实验步骤如下：

(1) 按图10.6接线，U_i 接可调直流电源，测出 U_o 由 $+U_{omax} \to -U_{omax}$ 时 U_i 的临界值；

(2) 方法同上，测出 U_o 由 $-U_{omax} \to +U_{omax}$ 时 U_i 的临界值；

(3) U_i 接500Hz、幅值为2V的正弦信号，观察并记录 $u_i \sim u_o$ 波形；

(4) 将分压支路电阻 R_4 由100kΩ改为200kΩ，重复上述实验，测量传输特性曲线。

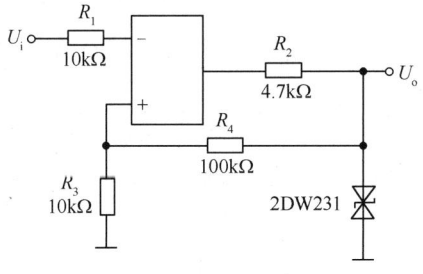

图10.6　反相滞回电压比较器

3. 同相滞回电压比较器

实验电路如图10.7所示。实验步骤如下：

(1) 参照上述反相滞回电压比较器实验，自拟实验步骤及方法；

(2) 将结果与上述反相滞回电压比较器实验相比较。

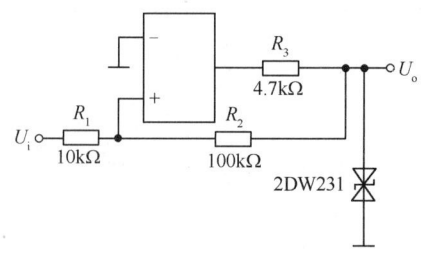

图 10.7　同相滞回电压比较器

4. 窗口比较器

参照图 10.4 自拟实验步骤和方法,并测量其传输特性曲线。

五、预习要求

(1) 复习有关电压比较器的内容。
(2) 画出各类电压比较器的传输特性曲线。

六、实验报告

(1) 整理实验数据,绘制各类电压比较器的传输特性曲线。
(2) 总结几种电压比较器的特点,阐明它们的应用。

七、设计性实验

1. 实验目的

通过实验,学习窗口比较器的设计方法,体会调试方法在电路设计中的重要性,掌握窗口比较器的设计思想。

2. 设计要求

设计一个交流电压幅度判别指示电路,输入信号是频率为 1kHz 的正弦信号。设计要求如下:

(1) 当电路输入信号 $U_i<0.5$V 时,红色指示灯灭,绿色指示灯灭;
(2) 当电路输入信号 $0.5<U_i<1$V 时,红色指示灯亮,绿色指示灯灭;
(3) 当电路输入信号 $U_i>1$V 时,红色指示灯亮,绿色指示灯亮。

3. 实验内容和要求

(1) 写出设计报告,包括设计原理、设计电路及如何选择电路元器件参数。
(2) 组装和调试设计电路,检验电路是否满足设计指标。若不满足,改变元器件参数值,使其满足设计要求。
(3) 自拟数据测量表格记录表。
(4) 写出实验总结报告。

实验 11　OTL 功率放大器

一、实验目的
(1) 进一步理解 OTL 功率放大器的工作原理。
(2) 学会 OTL 功率放大器电路的调试及主要性能指标的测试方法。

二、实验原理

图 11.1 所示为 OTL 功率放大器(功效)电路,其中由晶体管 VT_1 组成推动级(也称前置放大级),VT_2、VT_3 是一对参数对称的 NPN 和 PNP 型晶体管,它们组成互补推挽 OTL 功放电路。由于每一个晶体管都接成射极输出器形式,因此具有输出电阻低、负载能力强等优点,适合于用作功率输出级。VT_1 工作于甲类状态,其集电极电流 I_{c1} 由电位器 R_{W1} 进行调节。I_{c1} 的一部分流经电位器 R_{W2} 及二极管 VD,给 VT_2、VT_3 提供偏压。调节 R_{W2},可以使 VT_2、VT_3 得到合适的静态电流而工作于甲乙类状态,以克服交越失真。静态时,要求输出端中点 A 的电位为

$$V_A = \frac{1}{2} V_{CC}$$

这可以通过调节 R_{W1} 来实现,又由于 R_{W1} 的一端接在 A 点,因此在电路中引入交、直流电压并联负反馈,一方面能够稳定功率放大器的静态工作点,同时改善了非线性失真。

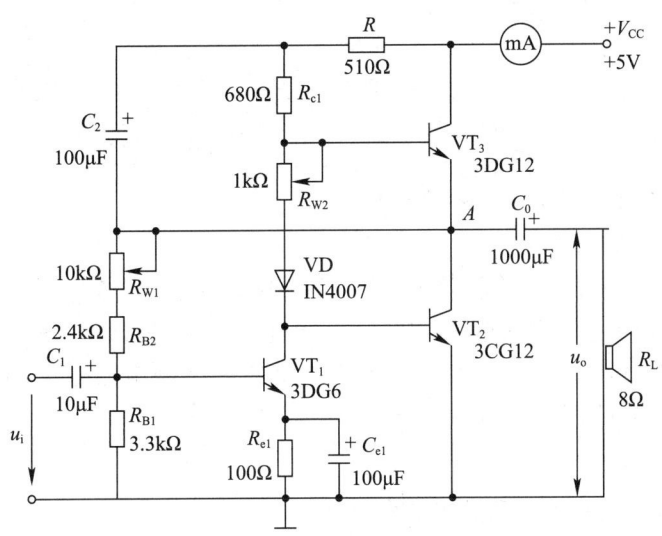

图 11.1　OTL 功率放大器电路

当输入正弦交流信号 u_i 时,u_i 经 VT_1 放大、倒相后同时作用于 VT_2、VT_3 的基极,u_i 的负半周使 VT_2 导通(VT_3 截止),有电流通过负载 R_L,同时向电容 C_0 充电,在 u_i 的正半周,VT_3 导通(VT_2 截止),则已充好电的电容 C_0 起到电源的作用,通过负载 R_L 放电,这样在 R_L 上就得到完整的正弦波。

C_2 和 R 构成自举电路,用于提高输出电压正半周的幅度,以得到大的动态范围。

OTL 功效电路的主要性能指标如下。

(1) 最大不失真输出功率 P_{om}

理想情况下,$P_{om}=\dfrac{1}{8}\dfrac{V_{CC}^2}{R_L}$,在实验中可通过测量 R_L 两端的电压有效值来求得实际的 P_{om},$P_{om}=\dfrac{U_o^2}{R_L}$。

(2) 效率 η

$$\eta=\dfrac{P_{om}}{P_E}\times 100\%$$

其中,P_E 为直流电源供给的平均功率。

理想情况下,$\eta_{max}=78.5\%$。在实验中,可测量电源供给的平均电流 I_{dC},从而求得 $P_E=V_{CC}\cdot I_{dC}$,负载上的交流功率已用上述方法求出,因而也就可以计算实际效率了。

(3) 频率响应

详见实验 2 中幅频特性测量部分的内容。

(4) 输入灵敏度

输入灵敏度是指输出最大不失真功率时输入信号 U_i 的值。

三、实验仪器

- 示波器　　　　　　　1 台
- 信号发生器　　　　　1 台
- 直流毫安表　　　　　1 只
- 模拟电路实验箱　　　1 台
- 万用表　　　　　　　1 只

四、实验内容

在整个测试过程中,电路不应有自激现象。

1. 静态工作点的测试

按图 11.1 连接实验电路,将输入信号旋钮旋至零($u_i=0$),电源进线中串入直流毫安表,电位器 R_{W2} 置最小值,R_{W1} 置中间位置。接通 +5V 电源,观察毫安表指示,同时用手触摸输出级的晶体管,若电流过大,或晶体管温升显著,应立即断开电源检查原因(如 R_{W2} 开路、电路自激,或晶体管的性能不好等)。如无异常现象,则可开始调试。

(1) 调节输出端中点电位 V_A

调节电位器 R_{W1},用万用表测量 A 点电位,使 $V_A=\dfrac{1}{2}V_{CC}$。

(2) 调整输出级的静态电流及测试各级的静态工作点

调节 R_{W2},使 VT_2、VT_3 的 $I_{c2}=I_{c3}=5\sim 10\text{mA}$。从减小交越失真的角度而言,应适当加大输出级的静态电流,但该电流过大,会使效率降低,所以一般以 $5\sim 10\text{mA}$ 为宜。由于直流毫安表串接在电源进线中,因此测得的是整个功放电路的电流,但一般 VT_1 的集电极电流 I_{c1} 较小,从而可以把测得的总电流近似当作输出级的静态电流。若要准确得到输出级的静态电流,则可从总电流中减去 I_{c1} 即可。

调整输出级的静态电流的另一方法是动态调试法。先使 $R_{W2}=0$,在输入端接入 $f=1$kHz 的正弦信号 u_i。逐渐加大输入信号的幅值,此时,输出波形应出现较严重的交越失真(注意:没有饱和和截止失真),然后缓慢增大 R_{W2},当交越失真刚好消失时,停止调节 R_{W2},恢复 $u_i=0$,此时直流毫安表读数即为输出级的静态电流。一般数值也应为 5~10mA,如过大,则要检查电路。

输出级的静态电流调好以后,测量各级的静态工作点,记入表11.1。

表 11.1 测量静态工作点($I_{c2}=I_{c3}=5\sim10\text{mA}$,$V_A=2.5\text{V}$)

晶体管	VT_1	VT_2	VT_3
V_b/V			
V_c/V			
V_e/V			

注意:
① 在调整 R_{W2} 时,要注意旋转方向,不要调得过大,更不能开路,以免损坏输出管。
② 输出管静态电流调好,如无特殊情况,不得随意旋动 R_{W2} 的位置。

2. 最大不失真输出功率 P_{om} 和效率 η 的测试

(1) 测量 P_{om}

输入端接 $f=1$kHz 的正弦信号 u_i,输出端用示波器观察输出电压 u_o 波形。逐渐增大 u_i,使输出电压达到最大不失真输出,测出负载 R_L 上的电压 U_o,则 $P_{om}=\dfrac{U_o^2}{R_L}$。

(2) 测量 η

当输出电压为最大不失真输出时,读出直流毫安表中的电流值,此电流即直流电源供给的平均电流 I_{dc}(有一定误差),由此可近似求得 $P_E=V_{CC}I_{dc}$,再根据上面测得的 P_{om},即可求出 $\eta=\dfrac{P_{om}}{P_E}$。

3. 输入灵敏度测试

根据输入灵敏度的定义,只要测出输出功率 $P_o=P_{om}$ 时的输入电压值 U_i 即可。

4. 测量通频带

测量方法同实验2,将测量结果记入表11.2。

表 11.2 通频带实验数据记录表

U_o/V($f=1$kHz)	$0.707U_o$/V	f_L/Hz	f_H/Hz	$f_{BW}=f_H-f_L$/Hz

在测试时,为保证电路的安全,应在较低电压下进行,通常取输入信号为 50% 输入灵敏度,并保持输入电压不变。

5. 研究自举电路的作用

(1) 测量有自举电路,且 $P_o=P_{om}$ 时的电压增益 $A_u=\dfrac{U_o}{U_i}$。

(2) 将 C_2 开路、R 短路(无自举),再测量 $P_o=P_{om}$ 的 A_u。

6. 噪声电压的测试

测量时将输入端短路($u_i=0$),观察输出噪声波形,并用示波器测量输出电压,即噪声电压

U_n,本电路若 $U_n<15\text{mV}$,即满足要求。

五、预习要求

(1) 复习有关 OTL 功放工作原理部分的内容。
(2) 为什么引入自举电路能够扩大输出电压的动态范围?
(3) 交越失真产生的原因是什么?怎样克服交越失真?
(4) 电路中电位器 R_{W2} 如果开路或短路,对电路工作有何影响?
(5) 为了不损坏输出管,调试中应注意什么问题?

六、实验报告

(1) 整理实验数据,并进行分析。
(2) 画出幅频特性曲线。
(3) 讨论实验中发生的问题及解决办法。

实验 12　直流稳压电源——集成稳压器

一、实验目的

(1) 研究集成稳压器的特点和性能指标的测试方法。
(2) 了解集成稳压器扩展性能的方法。

二、实验原理

随着半导体工艺的发展,稳压电路也制成了集成器件。由于集成稳压器具有体积小、外接线路简单、使用方便、工作可靠和通用性强等优点,因此在各种电子设备中应用十分普遍,基本上取代了由分立元件构成的稳压电路。集成稳压器的种类很多,应根据设备对直流电源要求来进行选择。对于大多数电子设备和电子线路来说,通常选用串联线性集成稳压器,而在这种类型的器件中,又以三端式集成稳压器应用最为广泛。

三端式集成稳压器的输出电压是固定的,是预先调好的,在使用中不能进行调整。78 系列稳压器输出正极性电压,一般有 5V、6V、9V、12V、15V、18V、24V 共 7 个档次,输出电流最大可达到 1.5A(加散热片)。同类型 78M 系列稳压器的输出电流为 0.5A,78L 系列稳压器的输出电流为 0.1A。若要求输出负极性电压,则可选用 79 系列稳压器。图 12.1 所示为 78 系列稳压器的外形和引脚图。

1 脚,输出端(不稳定电压输入端);
2 脚,输出端(稳定电压输出端);
3 脚,公共端。

三端式集成稳压器 7809 的主要参数有:
输出直流电压 $U_o = +9V$;
输出电流 $I_L = 0.1A$,$I_M = 0.5A$;
电压调整率 10mV/V;
输出电阻 $R_o = 0.15\Omega$;

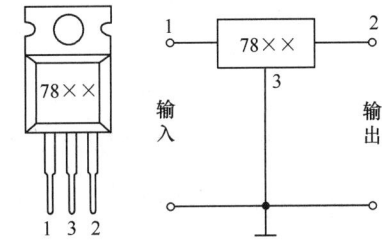

图 12.1　78 系列稳压器的外形及引脚图

输入电压 U_i 的范围为 12~16V,因为一般 U_i 要比 U_o 大 3~5V,才能保证集成稳压器工作在线性区。

图 12.2 所示为用 7809 构成的串联型稳压电源。其中,整流滤波电路采用了由 4 个二极管组成的整流桥(又称桥堆),型号为 1CQ-4B,其内部接线和外部引脚如图 12.3 所示。滤波电容

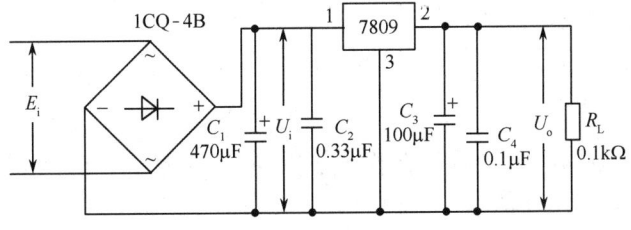

图 12.2　7809 构成串联型稳压电源

C_1、C_3一般选取几百至几千微法。当集成稳压器距离整流滤波电路比较远时,在输入端必须接入电容 C_2(数值为 $0.33\mu F$),以抵消线路的电感效应,防止自激振荡。输出端电容 C_4($0.1\mu F$)用以滤除输出端的高频信号,改善电路的暂态响应。

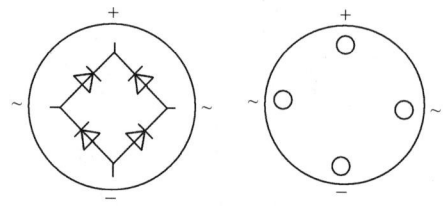

图 12.3 整流桥的内部接线和外部引脚图

当集成稳压器本身的输出电压或输出电流不能满足要求时,可通过外接电路来进行性能扩展。图 12.4 所示为一种简单的输出电压扩展电路。由于稳压器 7809 的 3 端与 2 端间输出电压为 9V,因此只要适当选择 R 的值,使稳压管工作在稳压区,则输出电压 $U_o = 9 + U_Z$,可以高于稳压器本身的输出电压。图 12.5 所示为通过外接晶体管 VT 及电阻 R_1 来进行电流扩展的电路。电阻 R_1 的阻值由外接晶体管的发射结导通电压 U_{BE}、7809 的输入电流 I_i(近似等于 7809 的输出电流 I_{o1})和 VT 的基极电流 I_B 来决定,即

$$R_1 = \frac{U_{BE}}{I_R} = \frac{U_{BE}}{I_i - I_B} = \frac{U_{BE}}{I_{o1} - \frac{I_C}{\beta}}$$

式中,I_C 为晶体管 VT 的集电极电流,$I_C = I_o - I_{o1}$;β 为 VT 的电流放大系数;对于锗管,U_{BE} 按 0.3V 估算,对于硅管,U_{BE} 按 0.7V 估算。

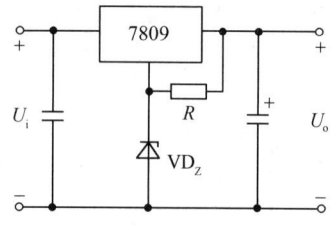

图 12.4 输出电压扩展电路

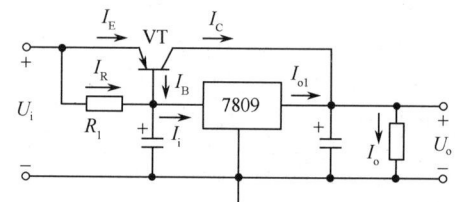

图 12.5 输出电流扩展电路

稳压电源的主要性能指标有:
① 输出电压 U_o。
② 最大负载电流 $I_o = I_{om}$。
③ 输出电阻 R_o。输出电阻 R_o 定义为:当输入电压 U_i(稳压电路输入)保持不变,由于负载变化而引起的输出电压变化量 ΔU_o 与输出电流变化量 ΔI_o 之比,即

$$R_o = \frac{\Delta U_o}{\Delta I_o} \bigg|_{U_i=常数}$$

④ 稳压系数 S(电压调整率)。稳压系数定义为:当负载保持不变时,输出电压相对变化量与输入电压相对变化量之比,即

$$S = \frac{\Delta U_o / U_o}{\Delta U_i / U_i} \bigg|_{R_L=常数}$$

由于工程上常把电网电压波动 10% 作为极限条件,因此,也有将此时输出电压的相对变化作为衡量指标,称为电压调整率。

⑤ 输出纹波电压。输出纹波电压是指在额定负载条件下,输出电压中所含交流分量的有效值(或峰值)。

如图 12.6 所示为 79 系列稳压器(输出为负)的外形及接线图。

如图 12.7 所示为输出可调(输出为正)三端式集成稳压器 317 的外形及接线图。

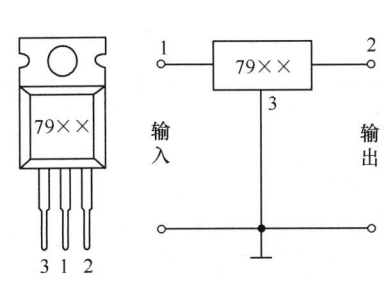
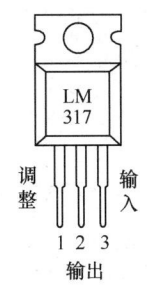
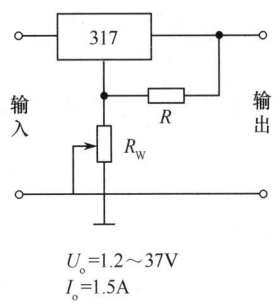

图 12.6　79 系列稳压器的外形及接线图　　　　图 12.7　317 的外形及接线图

三、实验仪器

- 示波器　　　　　　　1 台
- 模拟电路实验箱　　　1 台
- 万用表　　　　　　　1 只

四、实验内容

1. 整流滤波电路测试

按图 12.8 连接实验电路,取模拟电路实验箱上工频 12V 电压作为整流滤波电路的输入电压 E_i。接通工频电源,测量输出端直流电压 U_{oL-} 及纹波电压 $U_{oL\sim}$。用示波器观察 e_i、u_{oL} 的波形,把数据及波形记入表 12.1。

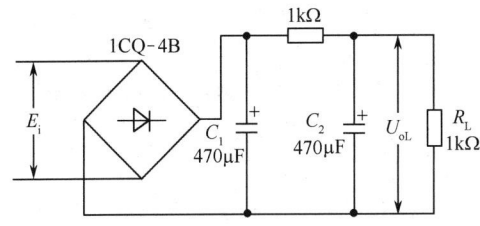

图 12.8　整流滤波电路

表 12.1　整流滤波电路测量数据记录表

E_i/V	$U_{oL\sim}$/V	U_{oL-}/V	e_i 波形	u_{oL} 波形
12				

2. 集成稳压器性能测试

断开工频电源,按图 12.2 连接实验电路,取负载电阻 $R_L = 0.1\text{k}\Omega$。

(1) 初测

接通工频电源,测量 E_i 值,测量整流滤波电路输出电压 U_i、稳压器 7809 输出电压 U_o,它们的数值应与理论值大致相符,否则说明电路出现了故障。若出现故障,应设法找出故障并加以排除。电路经初测进入正常工作状态后,才能进行各项指标的测试。

(2) 各项性能指标测试

① 输出电压 U_o 和输出电流 I_o。在输出端接负载电阻 $R_L = 0.1\text{k}\Omega (\geqslant 1\text{W})$,由于 7809 输出电压 $U_o = 9\text{V}$,因此,流过 R_L 的电流为 $I_o = 9/0.1 = 90\text{mA}$。这时 U_o 应基本保持不变,若变化较大则说明 7809 性能不良。

② 稳压系数 S 的测量。$R_L=0.1\text{k}\Omega$，按表12.2改变整流滤波电路的输入电压 E_i（模拟电网电压波动），分别测出相应的稳压器输入电压 U_i 及输出直流电压 U_o，记入表12.2中。

③ 输出电阻 R_o 的测量。取 $E_i=12\text{V}$，接通、断开负载 R_L，分别测量输出电压 U_o，记入表12.3中。

④ 输出纹波电压的测量。取 $E_i=10\text{V}$，$R_L=0.1\text{k}\Omega$，测量输入纹波电压 $U_{i\sim}$、输出纹波电压 $U_{o\sim}$，记入表12.4中。

表12.2 稳压系数测量数据记录表

E_i/V	U_i/V	U_o/V	S
10			$S_{12}=$
12			—
14			$S_{23}=$

表12.3 输出电阻测量数据记录表

R_L	U_o/V	I_o/mA	R_o/Ω
0.1kΩ			
∞			

表12.4 输出纹波测量数据记录表

$U_{i\sim}$/V	$U_{o\sim}$/V

五、预习要求

(1) 复习有关集成稳压器部分的内容。

(2) 在测量稳压系数 S 和输出电阻 R_o 时，应选择什么样的仪表？

六、实验报告

(1) 整理实验数据。

(2) 分析讨论实验中发生的现象和问题。

七、设计性实验

1. 实验目的

通过实验项目，使学生独立完成小功率稳压电源的设计计算、元器件选择、安装调试及指标测试，进一步加深对稳压电路的工作原理、性能指标、实际意义的理解，达到提高工程实践能力的目的。

2. 设计题目

(1) 采用分立元器件设计制作一个小型晶体管收音机用的直流稳压电路。主要技术指标如下：

输入交流电压220V，$f=50\text{Hz}$；输出直流电压 $U_o=4.5\sim6\text{V}$；输出电流 $I_{omax}\leqslant250\text{mA}$；输出纹波电压 $\leqslant100\text{mV}$。

(2) 设计一个直流稳压电路，具体设计要求如下：

输入交流电压220V，$f=50\text{Hz}$；输出直流电压 $U_o=8\sim12\text{V}$；输出电流 $I_{omax}\leqslant500\text{mA}$；输出电流保护 $\geqslant750\text{mA}$；输出电阻 $\leqslant0.1\Omega$；稳压系数 $\leqslant0.01$。

3. 实验内容及要求

(1) 按题目要求设计电路，给出电路图，说明电路中的元器件型号、标称值和额定值。

(2) 组装电路并调试，自拟实验步骤进行参数测试。若测试结果不满足设计指标要求，需要重新调整电路参数，使之达到设计要求。

(3) 写出设计、安装、调试、测试指标全部过程的设计报告。

(4) 总结完成该实验的体会。

实验 13 波形分解与合成

一、实验目的

(1) 掌握运放在有源滤波、信号调理和移相电路中的典型应用。
(2) 运用滤波器设计软件 FilterPro 和 Multisim 软件进行仿真优化和电路设计。
(3) 掌握工程项目的概念和规范化的设计流程。
(4) 掌握口袋实验平台在电子系统设计和调试中的应用。

二、实验原理

实验要求:设计制作一个系统电路,能从已有的方波信号中分解出基波,并经过信号调理电路、移相电路和信号合成电路后得到近似方波,如图 13.1 所示。

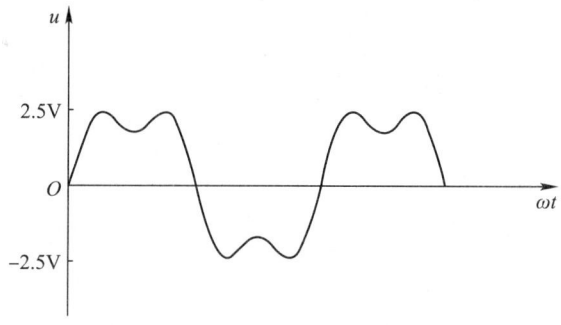

图 13.1 合成波形

根据周期信号的傅里叶分析理论,满足狄里赫利(Dirchlet)条件时,周期为 T 的信号 $f(t)$ 可以分解为三角函数形式,即

$$f(t) = a_0 + \sum_{n=1}^{\infty}[a_n\cos(n\omega t) + b_n\sin(n\omega t)] = A_0 + \sum_{n=1}^{\infty}[A_n\cos(n\omega t + \varphi_n)] \quad (13.1)$$

式中,$a_0 = \frac{1}{T}\int_{-\frac{T}{2}}^{\frac{T}{2}}f(t)\mathrm{d}t, a_n = \frac{2}{T}\int_{-\frac{T}{2}}^{\frac{T}{2}}\cos(n\omega t)\mathrm{d}t, b_n = \frac{2}{T}\int_{-\frac{T}{2}}^{\frac{T}{2}}\sin(n\omega t)\mathrm{d}t$,$n$ 为正整数,$\omega = \frac{2\pi}{T}$ 为基波角频率,A_0 为周期信号中所包含的直流分量,$A_n = \sqrt{a_n^2 + b_n^2}$ 为 n 次谐波的振幅,$\varphi_n = -\arctan\frac{b_n}{a_n}$ 为 n 次谐波的初相位。

根据上述理论,振幅为 A_m 的周期性方波信号,其三角函数形式的傅里叶级数为

$$f(t) = \frac{4A_\mathrm{m}}{\pi}\left(\sin\omega t + \frac{1}{3}\sin3\omega t + \frac{1}{5}\sin5\omega t + \cdots\right) \quad (13.2)$$

从式(13.2)可知,方波是由 1、3、5…奇次谐波组成的,$2n-1$ 次谐波的幅值是基波幅值的 $\frac{1}{2n-1}$。理论上可采用滤波器从方波信号中分解出各次谐波信号,同时可以选择符合上述规律的各次谐波信号组合在一起合成近似方波。

利用口袋实验平台的频谱分析仪功能,输入1kHz方波信号,在PC端能直接观察到方波信号中各次谐波的频率点及幅值,如图13.2所示。

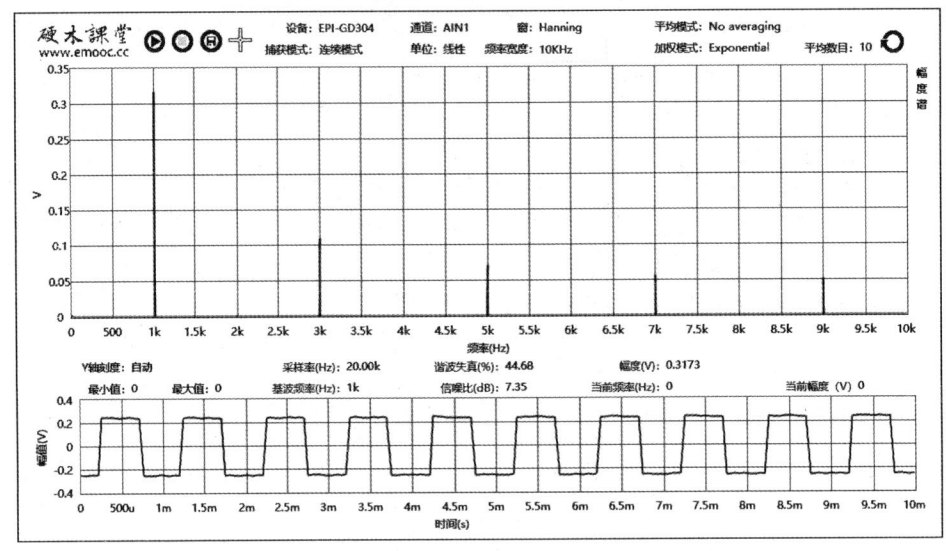

图13.2　1kHz方波信号的频域特性

波形分解与合成项目实验涉及模拟电子技术中有源滤波器、信号调理电路、移相电路和信号合成电路这些知识点,因此将此项目实验分解为4个子实验,包括有源滤波器设计与实现、信号调理电路设计与实现、移相电路设计与实现和信号合成电路设计与实现,系统框图如图13.3所示。

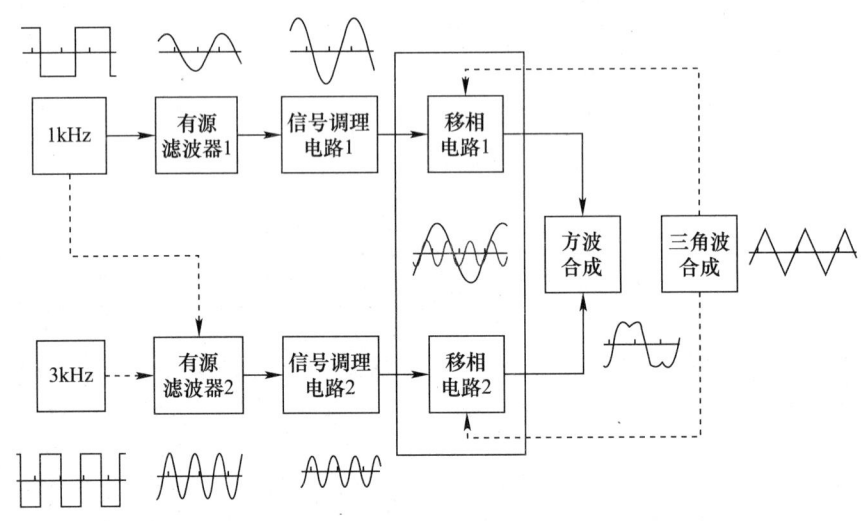

图13.3　系统框图

1. 有源滤波器

有源滤波器是通过有用频率信号而同时抑制无用频率信号的电子装置。通常使用的有源滤波器有低通滤波器、高通滤波器、带通滤波器和带阻滤波器。有源滤波器常用在信息处理、数据传输和干扰抑制等方面。

有源滤波器设计采用理论计算或查表法实现,借助专用的滤波器设计软件 FilterPro 可以快速实现有源低通滤波器设计,如图 13.4 所示。

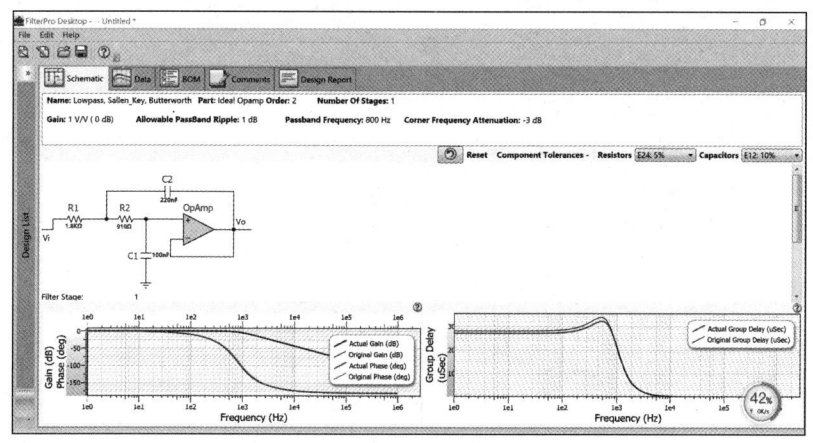

图 13.4　FilterPro 软件实现有源滤波器设计

在有源滤波器设计过程中,需要确定滤波器类型、截止频率、滤波器响应、拓扑结构等,同时要根据实验室现有的电容,确定电容的取值(误差±10%),其次确定电阻的阻值(误差±5%)。同时将 FilterPro 设计的电路在 Multisim 中仿真。

实验中可以通过二阶有源低通滤波器将 1kHz 和 3kHz 方波信号中的基波分解出来,参考电路如图 13.5 所示。

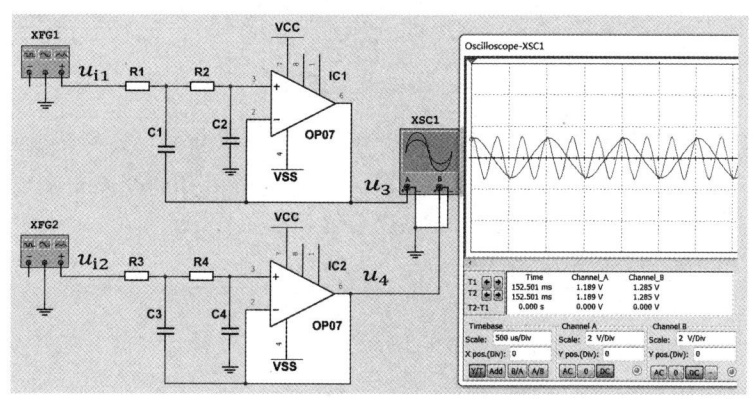

图 13.5　二阶有源低通滤波器

本实验中也可以通过四阶有源带通滤波器从 1kHz 方波信号中分解出 3 次谐波,得到 3kHz 的正弦波信号,参考电路如图 13.6 所示。

2. 信号调理电路

图 13.5 中 1kHz 正弦波通过同相或反相比例运算电路将信号调理成峰-峰值为 6V。3kHz 信号通过反相比例运算电路将信号调理成峰-峰值为 2V,或者采用电阻分压+跟随器的方式将信号调理成峰-峰值为 2V,如图 13.7 所示。

3. 移相电路

输入信号经过有源滤波器和信号调理电路后,u_5 和 u_6 的正弦波会产生相位差,如图 13.7 所示,因此需要通过移相电路来减小两个信号的相位差。

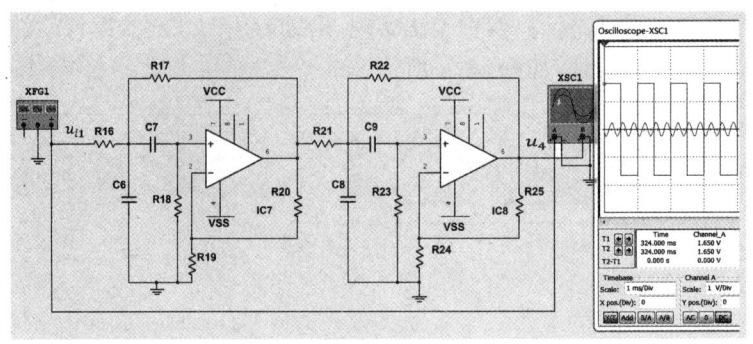

图 13.6 四阶有源带通滤波器

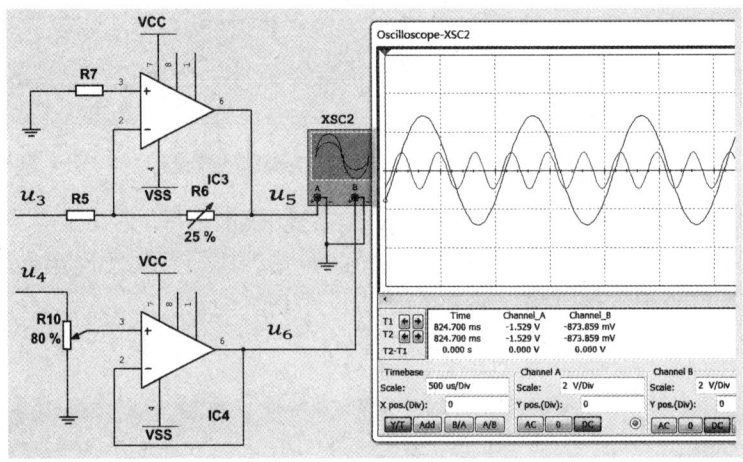

图 13.7 信号调理电路

接于电路中的电容和电感均有移相功能。本设计中采用电容有源移相电路,如图 13.8 所示,可以实现信号 0~180°超前移相,当 $R_{10}=R_{11}$ 时,移相后信号的幅度不变。如果将图 13.8 中 R_9 和 C_5 的位置互换,则实现信号 0~180°滞后移相。

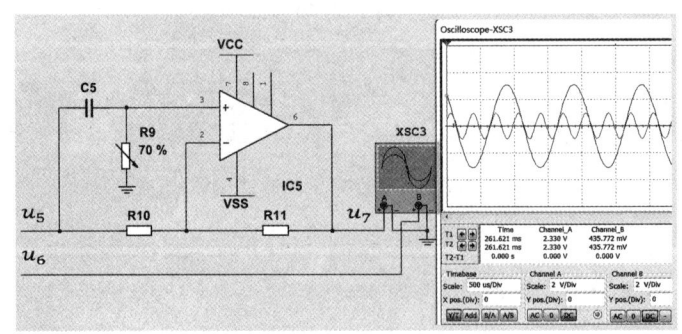

图 13.8 移相电路

4. 信号合成电路

信号合成电路可以采用同相加法或反相加法电路实现。图 13.9 采用反相加法电路实现方波信号合成,结构简单,调试方便,易于实现,图中 u_6 为三次谐波信号,u_7 为移相后的基波信号。如果合成三角波信号,则需要根据三角波的傅里叶级数,确定各次谐波的比例关系,然后进行电路设计。

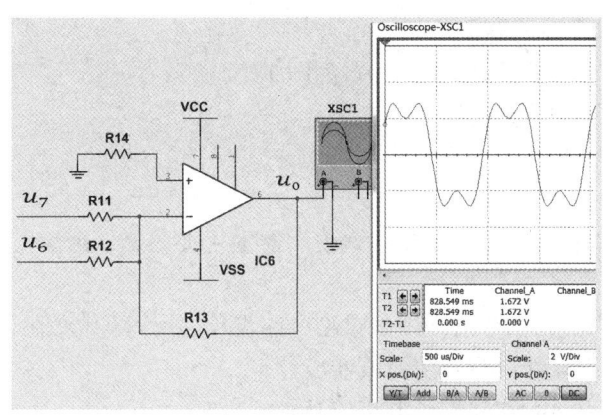

图 13.9 信号合成电路

三、实验条件

(1) 仪器设备
- 口袋实验平台　　　1 台
- 示波器　　　　　　1 台
- 信号发生器　　　　1 台
- 直流稳压电源　　　1 台
- 万用表　　　　　　1 台

(2) 软件

FilterPro 软件和 Multisim 软件。

(3) 元器件

运算放大器、电阻、电容、电位器　　若干

四、实验内容

完成上述各个单元电路设计,并在口袋实验平台上进行各个单元电路的连接和调试,最终在实验室里用实际的仪器进行测试和验收。

(1) 有源滤波器设计

参考图 13.5 和图 13.6,设计两路有源滤波电路,使其能够从方波中分解出正弦波信号。

① 设计有源低通滤波器,从频率为 1kHz、峰-峰值为 3.3V 的方波中分解出 1kHz 基波,波形无明显失真。

② 设计有源低通滤波器,从频率为 3kHz、峰-峰值为 3.3V 的方波中分解出 3kHz 基波,波形无明显失真;或设计有源带通滤波器,从频率为 1kHz、峰-峰值为 3.3V 的方波中分解出 3kHz 正弦波,波形无明显失真。

(2) 信号调理电路设计

参考图 13.7,设计两路信号调理电路,将信号调理为指定幅度。

① 将滤波器输出的 1kHz 正弦波通过信号运算电路调理成峰-峰值为 6V 的信号。

② 将滤波器输出的 3kHz 正弦波通过信号运算电路调理成峰-峰值为 2V 的信号。

(3) 移相电路设计

参考图 13.8 电路,设计移相电路,使得两个正弦波信号的相位一致。

(4) 信号合成电路设计

参考图 13.9,将两个信号进行合成。

① 将两个正弦波信号合成为近似方波,如图 13.1 所示。

② 将两个正弦波信号合成为近似三角波。

五、预习要求

(1) 查阅 TL084 的相关资料,熟悉运算放大器的主要参数,了解运算放大器的引脚排列及其功能。

(2) 了解运算放大器在信号处理中的典型电路设计,并计算参数值。

(3) 应用 FilterPro 软件进行有源滤波器设计。

(4) 熟练应用 Multisim 软件进行电路仿真。

(5) 集成电路在使用中应注意哪些问题?

六、实验报告

(1) 查阅相关资料,确定系统方案和各个单元电路设计方案。

(2) 理论推导结合软件仿真设计,确定各个单元电路的元器件参数取值。

(3) 在口袋实验平台的面包板上进行电路搭试。

(4) 利用口袋实验平台和实验室的实际仪器分别进行参数测试。

(5) 根据实验要求自拟表格,记录实验数据,包括仿真波形和测试波形。

(6) 对原始数据进行分析和处理。

(7) 对比分析仿真和实际结果之间的差异,给出可能的原因;比较不同方案的差异,分析各个方案的优劣等。

实验 14　压控振荡器

一、实验目的
(1) 了解压控振荡器的组成及调试方法。
(2) 掌握压控振荡器的测量方法。

二、实验原理
调节可变电阻或可变电容可以改变波形发生电路的振荡频率，这一般是通过人工来调节的。而在自动控制等场合，往往要求能自动调节振荡频率。常见的情况是给出一个控制电压(例如计算机通过接口电路输出的控制电压)，要求波形发生电路的振荡频率与控制电压成正比。这种电路称为压控振荡器，又称为 VCO 或 V/F 转换电路。

利用集成运放可以构成精度高、线性好的压控振荡器，下面介绍其构成和工作原理，并求出振荡频率与输入电压的函数关系。

1. 电路的构成及工作原理

积分电路输出电压变化的速率与输入电压的大小成正比，积分电容充电使输出电压达到一定程度后，设法使它迅速放电，然后输入电压再给它充电，如此周而复始，产生振荡，其振荡频率与输入电压成正比，即压控振荡器。图 14.1 就是实现上述意图的压控振荡器(其输入电压 $U_i>0$)。

图 14.1 中，由运放 A_1 构成积分电路，运放 A_2 构成同相输入滞回比较器(起开关作用)。当 $u_{o1}=+U_Z$ 时，二极管 VD 截止，输入电压 $U_i>0$，经电阻 R_1 向电容 C 充电，输出电压 u_o 逐渐下降，当 u_o 下降到零再继续下降使 A_2 同相输入端电位略低于零时，u_{o1} 由 $+U_Z$ 跳变为 $-U_Z$，二极管 VD 由截止变为导通，电容 C 放电，由于放电回路的等效电阻比 R_1 小得多，因此放电很快，u_o 迅速上升，使 A_2 的同相输入端电位很快上升到大于零，u_{o1} 很快从 $-U_Z$ 跳回到 $+U_Z$，二极管又截止，输入电压经 R_1 再向电容充电。如此周而复始，产生振荡。

图 14.2 所示为压控振荡器 u_o 和 u_{o1} 的波形图。

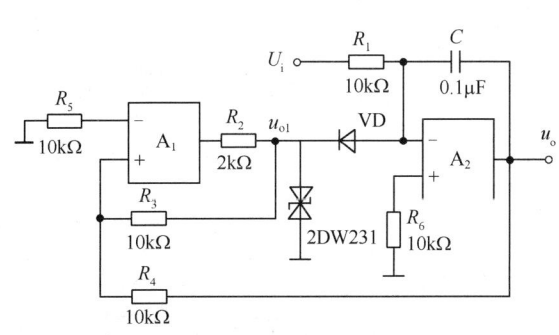

图 14.1　压控振荡器

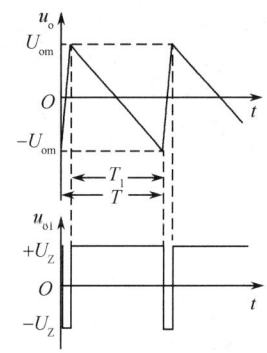

图 14.2　压控振荡器波形图

2. 振荡频率与输入电压的函数关系

$$f=\frac{1}{T}\approx\frac{1}{T_1}=\frac{R_4}{2R_1R_3C}\frac{U_i}{U_Z}$$

可见振荡频率与输入电压成正比。

上述电路实际上就是一个方波、锯齿波发生电路,只不过这里是通过改变输入电压 U_i 的大小来改变输出波形频率的,从而将电压参量转换成频率参量。

压控振荡器的用途较广。为了使用方便,一些厂家将压控振荡器做成模块,有的压控振荡器模块的输出信号频率与输入电压幅值的非线性误差小于 0.02%,但振荡频率较低,一般在 100kHz 以下。

三、实验仪器

- 示波器　　　　　　　1台
- 模拟电路实验箱　　　1台
- 万用表　　　　　　　1只

四、实验内容

(1) 按图 14.1 接线,用示波器观测输出电压的波形。
(2) 按表 14.1 的内容,测量电路的输入电压与振荡频率的转换关系。
(3) 用示波器观察并描绘 u_o、u_{o1} 的波形。

表 14.1　压控振荡器测量数据记录表

U_i/V	1	2	3	4	5	6
T/ms						
f/Hz						

五、实验总结

作出电压-频率关系曲线,并讨论其结果。

六、预习要求

(1) 指出图 14.1 中电容 C 的充电和放电回路。
(2) 定性分析用可调电压 U_i 改变 u_o 频率的工作原理。
(3) 电阻 R_3 和 R_4 的阻值如何确定?当要求输出信号幅值为 12V、输入电压为 3V、输出频率为 3000Hz 时,计算 R_3、R_4 的值。

第二部分

数字电路实验

实验 15　TTL 及 CMOS 集成逻辑门的测试与使用

一、实验目的
(1) 掌握 TTL 及 CMOS 与非门的逻辑功能和主要参数的测试方法。
(2) 掌握 TTL 及 CMOS 器件的使用规则。
(3) 熟悉数字电路实验箱的结构、基本功能和使用方法。

二、实验原理
1. 74LS20 和 CD4011

本实验采用 TTL 集成二四输入与非门 74LS20 和 CMOS 集成四二输入与非门 CD4011。

74LS20 是在一块集成电路内含有两个互相独立的与非门,每个与非门有 4 个输入端,其逻辑符号及引脚排列如图 15.1 所示。

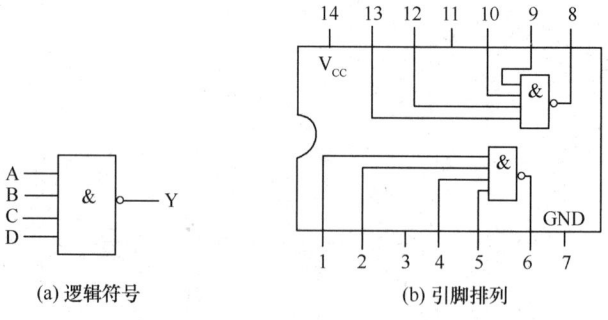

图 15.1　74LS20 逻辑符号及引脚排列

CD4011 是在一块集成电路内含有 4 个互相独立的与非门,每个与非门有两个输入端,其逻辑符号及引脚排列如图 15.2 所示。

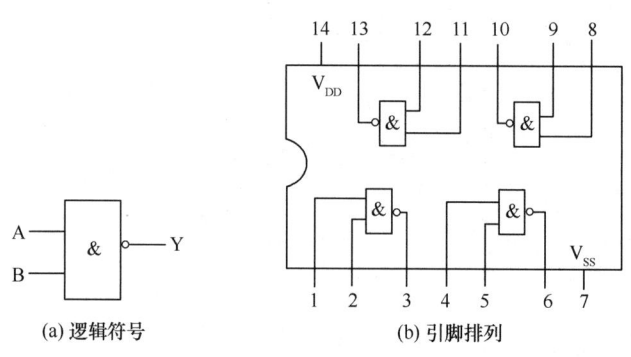

图 15.2　CD4011 逻辑符号及引脚排列

CMOS 电路的主要优点是:
(1) 功耗低,其静态工作电流在 10^{-9} A 数量级,而 TTL 电路的功耗则大得多。
(2) 高输入阻抗,通常大于 10^{10} Ω,远高于 TTL 电路的输入阻抗。

(3) 接近理想的传输特性,输出高电平可达电源电压的 99.9% 以上,低电平可达电源电压的 0.1% 以下,因此输出逻辑电平的摆幅大,噪声容限很高。

(4) 电源电压范围广,可在 3~18V 范围内正常运行。

(5) 由于有很高的输入阻抗,要求驱动电流很小,约 $0.1\mu A$,输出电流在+5V 电源下约为 $500\mu A$,远小于 TTL 电路,若以此电流来驱动同类门电路,扇出系数将非常大。在低频时,无须考虑扇出系数,但在高频时,后级门电路的输入电容将成为主要负载,使其扇出能力下降,所以在较高频率工作时,CMOS 电路的扇出系数一般取 10~20。

2. TTL 和 CMOS 门电路的逻辑功能

CMOS 与 TTL 门电路的内部结构不同,但它们的逻辑功能完全一样。与非门的逻辑功能是:当输入端中有一个或一个以上是低电平时,输出端为高电平;只有当输入端全部为高电平时,输出端才是低电平。其逻辑表达式为 $Y=\overline{AB\cdots}$。

3. TTL 器件的使用规则

(1) 接插 TTL 器件时,要认清定位标记,不得插反。

(2) 电源电压使用范围为 4.5~5.5V,实验中要求 $V_{CC}=+5V$,电源极性不允许接错。

(3) 闲置输入端处理方法:

① 悬空,相当于逻辑"1",对于一般小规模 TTL 器件的数据输入端,实验时允许悬空处理,但易受外界干扰,导致电路的逻辑功能不正常。因此,对于中规模以上的 TTL 器件和使用 TTL 器件较多的复杂电路,所有控制输入端必须按逻辑要求接入电路,不允许悬空。

② 直接接到电源电压 V_{CC}(也可以串入一个 1~10kΩ 的固定电阻)或接至某一固定电压 (2.4V<U<4.5V)的电源上,或与输入端为接地的多余与非门的输出端相接。

③ 若前级驱动能力允许,可以与使用的输入端并联。

(4) 输入端通过电阻 R 接地,电阻值的大小将直接影响电路所处的状态。当 $R \leqslant 680\Omega$ 时,输入端相当于逻辑"0";当 $R \geqslant 4.7k\Omega$ 时,输入端相当于逻辑"1"。需要特别说明的是:对于不同系列的器件,要求的电阻阻值有所不同。

(5) 输出端不允许并联使用[集电极开路门(OC)和三态输出门(TS)除外],否则不仅会使电路逻辑功能混乱,还会导致器件损坏。

(6) 输出端不允许直接接地或直接接+5V 电源,否则将损坏器件,有时为了使后级电路获得较高的输出电平,允许输出端通过电阻 R 接至 V_{CC},一般 R 取 3~5.1kΩ。

4. CMOS 器件的使用规则

(1) V_{DD} 接电源正极,V_{SS} 接电源负极(通常接地),不得接反。4000 系列 CMOS 器件的电源可在 3~18V 范围内选择,实验中一般要求使用+5~+15V 电源。

(2) 所有输入端一律不准悬空,闲置输入端的处理方法:

① 按照逻辑要求,直接接 V_{DD}(与非门)或 V_{SS}(或非门);

② 在工作频率不高的电路中,允许输入端并联使用。

(3) 输出端不允许直接与 V_{DD} 或 V_{SS} 连接,否则将导致器件损坏。

(4) 装接电路,改变电路连接或插、拔电路时,应切断电源,严禁带电操作。

(5) 焊接、测试和存储时的注意事项:

① 集成电路应存放在导电的容器内,容器要有良好的静电屏蔽;

② 焊接时必须切断电源,电烙铁外壳必须良好接地,或拔下电烙铁,利用余热焊接;

③ 所有的测试仪器必须良好接地;

④ 若信号源与 CMOS 集成电路使用两组电源供电,应先打开 CMOS 电源,关机时,先关信号源,最后才关 CMOS 电源。

5. TTL 与非门的主要参数

(1) 低电平输出电源电流 I_{CCL} 和高电平输出电源电流 I_{CCH}。与非门处于不同的工作状态,电源提供的电流是不同的。I_{CCL} 是指所有输入端悬空、输出端空载时电源提供的电流。通常 $I_{CCL} > I_{CCH}$,它们的大小标志着 TTL 与非门静态功耗的大小。最大的功耗为 $P_{CCL} = V_{CC} I_{CCL}$。I_{CCL} 和 I_{CCH} 测试电路如图 15.3(a)、(b) 所示。

注意:TTL 与非门对电源电压要求较严,电源电压 V_{CC} 只允许在 +5V±10% 范围内工作,超过 5.5V 将损坏与非门,低于 4.5V 与非门的逻辑功能将不正常。

(2) 低电平输入电流 I_{iL} 与高电平输入电流 I_{iH}。I_{iL} 是指被测输入端接地、其余输入端悬空时由被测输入端流出的电流。在多级门电路中,I_{iL} 相当于前级门输出低电平时后级门向前级门灌入的电流,I_{iL} 关系到前级门的灌电流负载能力,即直接影响前级门电路带负载的个数,因此希望 I_{iL} 小一些。

I_{iH} 是指被测输入端接高电平、其余输入端接地时流入被测输入端的电流。在多级门电路中,它相当于前级门输出高电平时前级门拉负载的电流,其大小关系到前级门的拉电流负载能力,因此希望 I_{iH} 小一些。由于 I_{iH} 较小,难以测量,一般免于测试。

I_{iL} 与 I_{iH} 的测试电路如图 15.3(c)、(d) 所示。

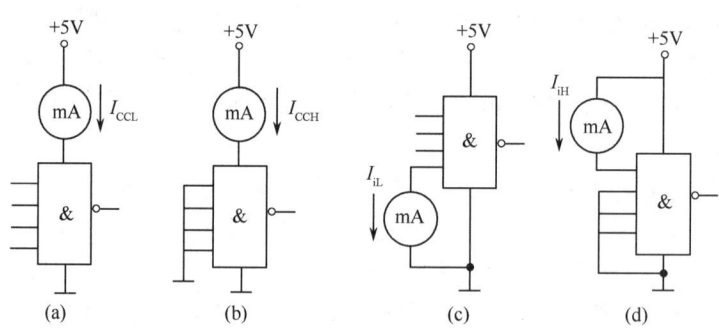

图 15.3　I_{CCL}、I_{CCH}、I_{iL} 与 I_{iH} 的测试电路

(3) 扇出系数 N_o。扇出系数是指门电路能驱动同类门的个数。它是衡量门电路带负载能力的一个参数。TTL 与非门有两种不同性质的负载,即灌电流负载和拉电流负载,因此有两种扇出系数,即低电平扇出系数 N_{oL} 和高电平扇出系数 N_{oH}。通常 $I_{iH} < I_{iL}$,所以 $N_{oH} > N_{oL}$,故常以 N_{oL} 作为 TTL 与非门的扇出系数。

N_{oL} 的测试电路如图 15.4 所示。门电路的输入端全部悬空,输出端接灌电流负载 R_L,调节 R_L 使 I_{OL} 增大,U_{OL} 随之增高,当 U_{OL} 达到 U_{OLm}(即 U_{OL} 增至器件手册中规定的低电平规范值 0.4V)时的 I_{OL} 就是允许灌入的最大负载电流,则

$$N_{oL} = \frac{I_{OL}}{I_{iL}} \quad (通常 N_{oL} \geqslant 8)$$

(4) 电压传输特性。门电路的输出电压 U_o 随输入电压 U_i 而变化的关系 $U_o = f(U_i)$,称为门电路的电压传输特性,通过它可读得门电路的一些重要参数,如输出高电平 U_{OH}、输出低电平 U_{OL}、关门电平 U_{OFF}、开门电平 U_{ON}、阈值电平 U_T 及抗干扰容限 U_{NL}、U_{NH} 等,测试电路如图 15.5 所示。采用逐点测试法,即调节 R_W,逐点测得 U_i 及 U_o,然后绘成曲线。

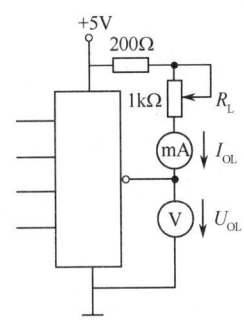
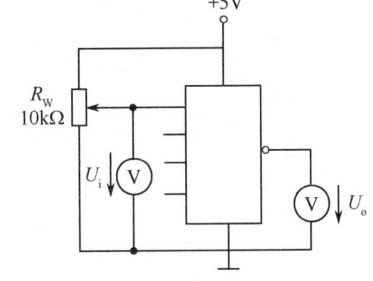

图 15.4 N_{oL} 测试电路　　　图 15.5　电压传输特性的测试电路

（5）平均传输延迟时间 t_{pd}。t_{pd} 是衡量门电路开关速度的参数，是指输出波形边沿的 $0.5U_m$ 至输入波形对应边沿 $0.5U_m$ 的时间间隔，如图 15.6(a)所示。图中，t_{pdL} 为导通延迟时间，t_{pdH} 为截止延迟时间，平均传输延迟时间为

$$t_{pd}=\frac{1}{2}(t_{pdL}+t_{pdH})$$

t_{pd} 的测试电路如图 15.6(b)所示，由于 TTL 门电路的延迟时间较小，直接测量时对信号发生器和示波器的性能要求较高，故实验采用测量由奇数个与非门组成的环形振荡器的振荡周期 T 来求得。工作原理是：假设电路在接通电源后的某一瞬间，A 点电平为逻辑"1"，经过 3 级门的延时后，A 点电平由原来的逻辑"1"变为逻辑"0"；再经过 3 级门的延时后，A 点电平又重新回到逻辑"1"。电路其他各点的电平也跟随变化。这说明使 A 点发生一个周期的振荡，必须经过 6 级门的延迟时间。因此平均传输延迟时间为

$$t_{pd}=\frac{T}{6}$$

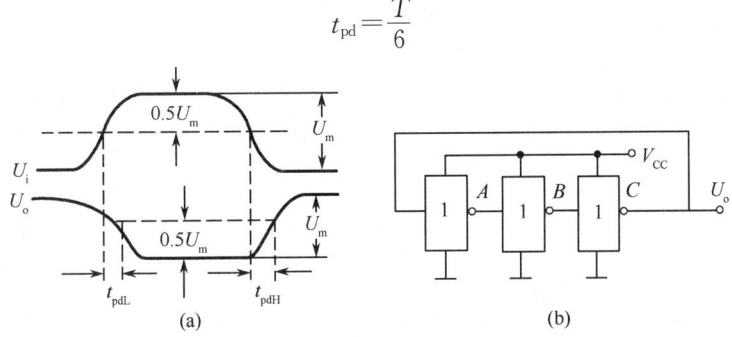

图 15.6　平均传输延迟时间的测试电路

6. CMOS 与非门的主要参数

CMOS 与非门主要参数的定义及测试方法与 TTL 与非门相仿，此处从略。

三、实验仪器与器件

- 数字电路实验箱　　　1 台
- 直流数字电压表　　　1 台
- 直流毫安表　　　　　1 只
- 直流微安表　　　　　1 只
- 变阻器 WS-30-1K(10kΩ)；电阻(200Ω,0.5W)、电位器(100kΩ)、电阻(1kΩ)各一个
- 芯片：74LS20(二四输入与非门)、CD4011(四二输入与非门)

芯片的引脚排列如图 15.7 所示。

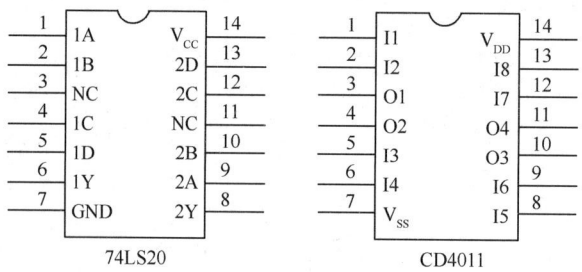

图 15.7　芯片的引脚排列

四、实验内容

在数字电路实验箱上选取两个 14 脚的插座,分别将 74LS20 和 CD4011 接好导线,实验参考连线电路如图 15.8 所示,检查无误后方可打开电源。

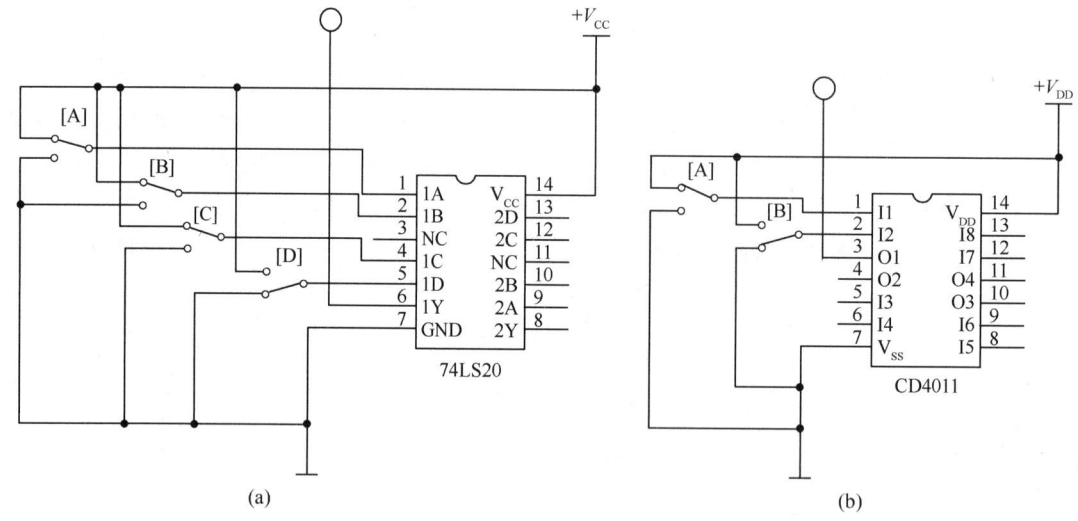

图 15.8　实验参考连线电路

1. 验证 74LS20 和 CD4011 的逻辑功能

(1) 74LS20 的 4 个输入端接逻辑开关输出插口,以提供"0"与"1"电平信号,开关向上,输出逻辑"1",开关向下,输出逻辑"0",输出端接至数字电路实验箱输出指示灯的输入口,拨动逻辑开关,按表 15.1 的真值表逐个测试 74LS20 的逻辑功能,并记入表中。

表 15.1　74LS20 逻辑功能测试记录表

输	入			输	出
A	B	C	D		
1	1	1	1		
0	1	1	1		
0	0	1	1		
0	0	0	1		
0	0	0	0		

(2) CD4011 的两个输入端接两个逻辑开关输出插口,按上述测试方法测量,将测量结果记录在表 15.2 中。

表 15.2　CD4011 逻辑功能测试记录表

输　　入		输　出
A	B	
1	1	
0	1	
1	0	
0	0	

2. 74LS20 和 CD4011 主要参数的测试

(1) 分别按图 15.3 和图 15.4 接线,将测试结果记入表 15.3 中。

表 15.3　主要参数的测试记录表

型　号	I_{CCL}/mA	I_{CCH}/mA	I_{iL}/μA	I_{OL}/μA	$N_{oL}=\dfrac{I_{OL}}{I_{iL}}$	$t_{pd}=\dfrac{T}{6}$
74LS20						
CD4011						

(2) 按图 15.5 接线,调节电位器 R_W,使 U_i 从 0V 向高电平变化,逐点测量 U_i 和 U_o 的对应值,记入表 15.4 中。

表 15.4　电压传输特性的测量数据记录表

U_i/V		0	0.2	0.4	0.6	0.8	1.0	1.5	2.0	2.5	3.0	3.5	4.0
74LS20	U_o/V												
CD4011	U_o/V												

五、预习要求

(1) 复习常用门电路的基本逻辑关系。
(2) 熟练掌握常用集成逻辑门的各引脚功能。
(3) 画出各实验内容的测试电路与数据记录表格。

六、实验报告

(1) 画出实验电路,并标明电源值,整理实验原始记录数据。
(2) 总结实验过程中遇到的问题和解决方法。

实验 16　三态输出门

一、实验目的
(1) 学会使用中规模集成电路三态输出门,并验证其逻辑功能。
(2) 掌握三态输出门的应用。

二、实验原理

三态输出门(Three-State Output,简称 TS 门)又称三态门,是一种特殊的门电路,它与普通的门电路有所不同,其输出端除了通常为高、低电平两种状态(这两种状态均为低阻状态),还有第三种输出状态——高阻状态,处于高阻状态时,电路与负载之间相当于开路。三态门有一个控制端(禁止端或使能端)。对于普通的 TTL 门电路,由于输出级采用推拉式输出电路,无论输出是高电平还是低电平,输出阻抗都很低,因此,通常不允许将它们的输出端并接在一起使用。三态门允许把输出端直接并接在一起使用,前提条件是输出端并接在一起的各个三态门的控制端不允许同时使能,否则将损坏三态门。三态门按逻辑功能及控制方式来分有多种不同类型,本实验采用的是 74LS125,为三态输出四总线缓冲器。由图 16.1 可知,74LS125 有 4 个三态缓冲器,因此有 4 个控制端,$1\overline{G}$、$2\overline{G}$、$3\overline{G}$、$4\overline{G}$ 均为低电平有效,当某个控制端为低电平时(使能),实现 $Y=A$ 的逻辑功能;为高电平时,为禁止状态,输出 Y 为高阻状态。

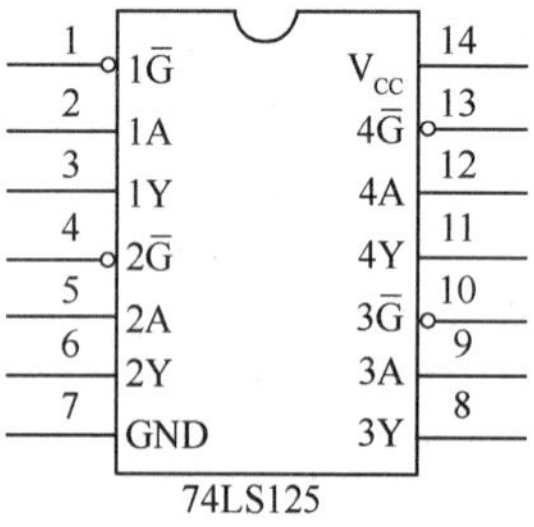

三态门的主要用途之一是分时实现总线传输,即用一个传输通道(总线)以选通方式传送多路信息。电路中将若干个三态门输出端直接接在一条总线上,使用时,要求某一时刻只允许一个控制端处于使能状态——低电平,可传输信息,而其余各控制端均处于禁止状态——高电平。因为三态门输出电路的结构与普通 TTL 门电路相同,所以,若同时有两个或两个以上的控制端处于使能状态,将出现与普通 TTL 门电路"线与"运用时同样的问题,从而损坏器件,这是绝对不允许的。

图 16.1　74LS125 的引脚排列

三、实验仪器与器件
- 数字电路实验箱　　　1 台
- 芯片:74LS125

四、实验内容
1. 测试 74LS125 的逻辑功能

将 74LS125 的输入端、控制端接逻辑开关,输出端接逻辑笔插口。测试 74LS125 的逻辑功能,记入表 16.1 中。表中,$\overline{G}$、A、Y 为 74LS125 的控制端、输入端和输出端。

表 16.1　74LS125 的逻辑功能测试记录表

输入		输出
$\overline{G}$	A	Y
0	0/1	
1	0/1	

2. 三态门的应用

利用三态门构成数据总线可分时传输信息。将74LS125中的4个三态门按图16.2连接,各输入端分别加入一路信号,各控制端分别接逻辑开关,各输出端连接在一起后再接至逻辑笔插口。先使4个三态门的控制端 $\overline{G}$ 均为高电平"1",即输出处于禁止状态,方可接通电源,此时逻辑笔的黄色指示灯亮,表明总线为高阻状态。然后轮流使其中一个三态门的控制端接低电平"0",观察逻辑笔指示灯的显示状态(即总线上的状态)。操作时注意,应先使3个三态门处于禁止状态,再让另一个三态门开始传送数据,即将三态门输入的4路信号分别分时送到总线上(逻辑笔插口),观察并将实验结果记入表16.2中(表中 $K_1 \sim K_4$ 代表各三态门的控制端)。

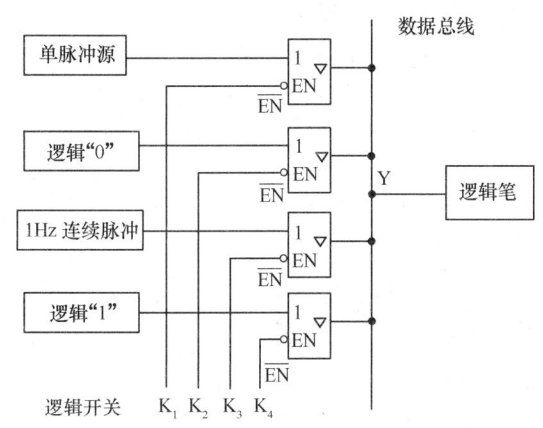

图16.2 三态门实现总线传输数据

表16.2 实验结果记录

K_1	K_2	K_3	K_4	Y
1	1	1	1	
0	1	1	1	
1	0	1	1	
1	1	0	1	
1	1	1	0	

五、预习要求

(1) 熟练掌握常用逻辑门及三态门的逻辑功能。
(2) 预习利用三态门作分时传输数据电路的工作原理。

六、实验报告

(1) 画出实验电路,并标明电源值,整理实验原始记录数据。
(2) 总结实验过程中遇到的问题和解决的方法。

七、设计性实验

1. 实验目的

通过实验,进一步掌握三态门的性能及应用。

2. 设计题目

利用74LS125设计一个开关控制两路信号分时传输的电路,一路是频率为1Hz的矩形波,另一路为单脉冲源信号。可附加少量的门电路,两个三态门的输出端接在一个指示灯上。

3. 实验内容及要求

(1) 写出设计报告,包括设计原理、设计电路及如何选择电路元器件参数。
(2) 组装和调试设计电路,检验电路是否满足设计要求并动手演示。如不满足,重新调试,使其满足设计要求。
(3) 写出实验总结报告,画出调试成功的设计电路。

实验 17　组合逻辑电路的设计与测试

一、实验目的
(1) 掌握组合逻辑电路的设计。
(2) 测试验证设计的逻辑电路。

二、实验原理

1. 设计组合逻辑电路的步骤

设计组合逻辑电路的一般步骤是：
(1) 根据设计任务的要求，画出真值表；
(2) 用卡诺图或逻辑代数化简法求出最简的逻辑表达式；
(3) 根据最简的逻辑表达式画出逻辑电路图；
(4) 根据逻辑电路图，在数字电路实验箱上搭出具体电路，验证设计的正确性。

2. 组合逻辑电路设计举例

用与非门设计一个表决电路。当 4 个输入端中有 3 个或 4 个为"1"时，输出端才为"1"。
设计步骤：根据题意列出真值表，见表 17.1，再填入卡诺图(见图 17.1)。

表 17.1　表决电路的真值表

A	0	0	0	0	0	0	0	0	1	1	1	1	1	1	1	1
B	0	0	0	0	1	1	1	1	0	0	0	0	1	1	1	1
C	0	0	1	1	0	0	1	1	0	0	1	1	0	0	1	1
D	0	1	0	1	0	1	0	1	0	1	0	1	0	1	0	1
Z	0	0	0	0	0	0	0	1	0	0	0	1	0	1	1	1

CD\AB	00	01	11	10
00				
01			1	
11		1	1	1
10			1	

图 17.1　表决电路的卡诺图

由卡诺图得出逻辑表达式，并化成"与非"形式的逻辑表达式，即

$$Z = ABC + BCD + ACD + ABD = \overline{\overline{ABC} \cdot \overline{BCD} \cdot \overline{ACD} \cdot \overline{ABD}}$$

最后画出用与非门构成的逻辑电路，如图 17.2 所示。

三、实验仪器与器件
- 数字电路实验箱　　1台
- 芯片:74LS00(四二输入与非门)、74LS04(六反相器)、74LS20(二四输入与非门)

各芯片的引脚排列如图17.3所示。

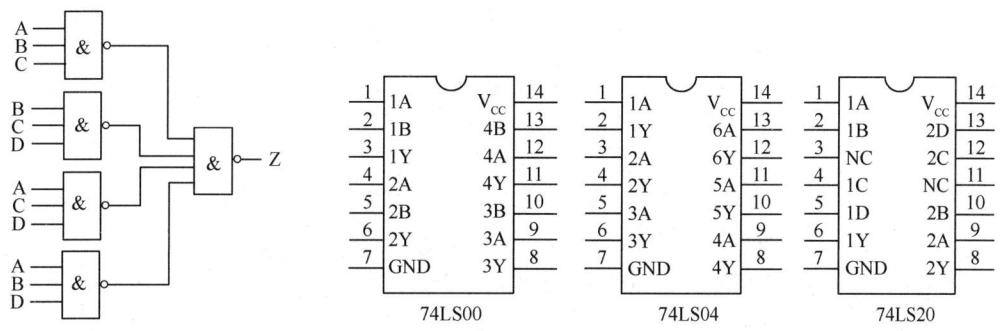

图17.2　表决电路的逻辑电路　　　　图17.3　各芯片的引脚排列

四、实验内容
(1) 设计一个4人无弃权表决电路,其中权威人士1名,其一票相当于两票(多数赞成则提案通过),要求采用四二输入与非门实现。

要求按设计步骤进行,直到测试电路逻辑功能符合设计要求为止。

(2) 设计一款保险箱的数字代码锁,该锁有规定的4位代码(A、B、C、D)的输入端和一个开箱钥匙孔信号E的输入端,锁的代码由实验者自编(如1001)。当用钥匙开箱时,E=1,如果输入代码符合该锁设定的代码,保险箱被打开(Z_1=1),如果代码不符,电路将发出报警信号(Z_2=1)。要求使用最少的与非门来实现,检测并记录设计实验结果。

提示: 实验时,锁被打开,可用数字电路实验箱上的指示灯点亮表示(或用数字电路实验箱上的继电器吸合与指示灯点亮表示),在按错代码时,蜂鸣器发出声响报警。

五、预习要求
根据实验任务要求设计组合逻辑电路,了解所用芯片的引脚功能,并根据所给的芯片画出逻辑电路图。

六、实验报告
(1) 写出实验任务的设计过程,画出设计的逻辑电路图。
(2) 对所设计的逻辑电路进行实验测试,记录测试结果。
(3) 写出设计组合逻辑电路的体会。

七、设计性实验
1. 实验目的

通过实验,观察竞争冒险现象,学习消除竞争冒险现象的方法;掌握组合逻辑电路的设计、调试方法。

2. 设计题目

(1) 动手实际搭试组合逻辑电路,观察竞争冒险现象。

按图 17.4 接线,当 B=1,C=1 时,A 输入矩形波(f=1MHz 以上),用示波器观察 Y 的输出波形,然后用增加冗余项的方法消除竞争冒险现象。

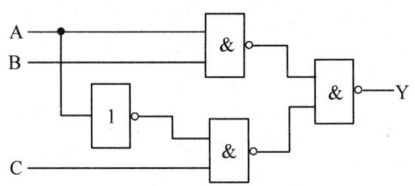

图 17.4 观察竞争冒险现象的逻辑电路

(2) 设计一个对两个两位无符号的二进制数进行比较的电路:根据第一个数是否大于、等于、小于第二个数,使相应的 3 个输出端中的一个输出为"1"。

3. 实验内容及要求

(1) 写出设计报告,包括设计原理、设计电路及如何选择电路元器件参数。

(2) 使用芯片搭建电路,或使用 Quartus II 软件设计电路,结合 FPGA 搭建测试电路,调试设计电路,检验电路是否满足设计要求并动手演示。如不满足,重新调试,使其满足设计要求。

(3) 写出实验总结报告,画出调试成功的设计电路。

实验 18　加法器及其应用

一、实验目的
（1）掌握加法器的原理、逻辑功能及使用方法。
（2）熟悉加法器的应用。

二、实验原理
1. 全加器基本原理
两位二进制数 A_i 和 B_i 连同低位来的进位 C_{i-1} 进行的相加运算称为"全加"，实现这个功能的电路称为全加器（Full Adder，FA）。全加器的真值表见表 18.1。

表 18.1　全加器的真值表

A_i	B_i	C_{i-1}	S_i	C_i
0	0	0	0	0
0	0	1	1	0
0	1	0	1	0
0	1	1	0	1
1	0	0	1	0
1	0	1	0	1
1	1	0	0	1
1	1	1	1	1

表中，S_i 为和，C_i 为向高位的进位，其输出逻辑表达式为

$$S_i = \overline{A_i}\,\overline{B_i}\,C_{i-1} + \overline{A_i}B_i\overline{C_{i-1}} + A_i\overline{B_i}\,\overline{C_{i-1}} + A_iB_iC_{i-1} = A_i \oplus B_i \oplus C_{i-1}$$

$$C_i = \overline{A_i}B_iC_{i-1} + A_i\overline{B_i}C_{i-1} + A_iB_i\overline{C_{i-1}} + A_iB_iC_{i-1} = A_iB_i + (A_i \oplus B_i)C_{i-1}$$

全加器的逻辑电路及其逻辑符号如图 18.1 所示。

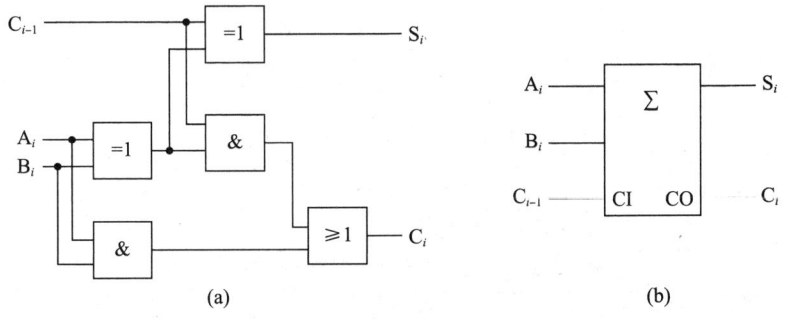

图 18.1　全加器的逻辑电路和逻辑符号

2. 4 位加法器
4 位加法器可通过 1 位加法器串行进位构成，低位进位输出作为高位进位输入，如图 18.2 所示。该加法器结构简单，但速度慢，高位运算必须等待低位的进位。

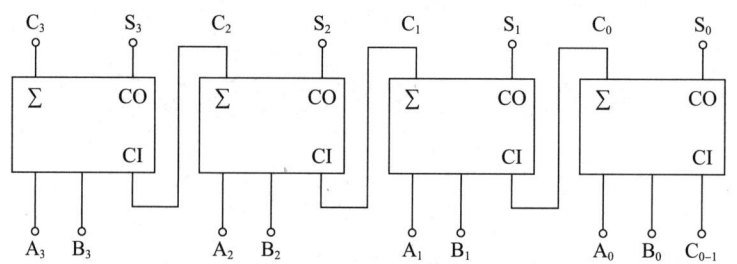

图 18.2 4 位串行进位加法器

为了提高加法器的运算速度,将各进位提前计算出来,再同时送到各个全加器的进位输入端,这种加法器称为超前进位加法器,缺点是电路结构复杂。

3. 超前进位加法器

74LS283 是 4 位二进制超前进位加法器,其引脚排列和逻辑功能如图 18.3 所示。其功能是实现 4 位二进制数 $A_3A_2A_1A_0$ 和 4 位二进制数 $B_3B_2B_1B_0$ 以及低位进位 C_{0-1} 相加,和为 4 位二进制数 $S_3S_2S_1S_0$,以及向高位的进位 C_3。

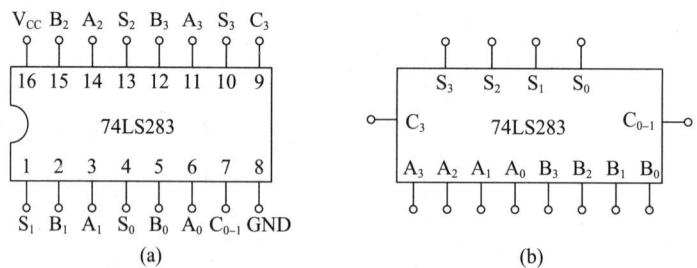

图 18.3 74LS283 的引脚排列和逻辑功能图

4. 加法器的应用

4 位二进制加法器结合少量的门电路可以实现多种应用。

(1) 应用一:分段函数

例如,应用 4 位二进制加法器 74LS283 实现分段函数:

$$y = \begin{cases} x+3 & 0 \leqslant x \leqslant 3 \\ x+1 & 4 \leqslant x \leqslant 7 \\ x & 8 \leqslant x \leqslant 10 \end{cases}$$

x 可由 4 位二进制数 $x_3x_2x_1x_0$ 表示,y 为 4 位二进制数相加的和 $y_3y_2y_1y_0$,因此 x 作为加法器 74LS283 的输入 $A_3A_2A_1A_0$,y 作为加法器的输出 $S_3S_2S_1S_0$,加法器的输入 $B_3B_2B_1B_0$ 根据分段函数中 x 的范围选取不同的值,见表 18.2。

表 18.2 加法器的输入 $B_3B_2B_1B_0$ 的取值

x_3	0	0	0	0	0	0	0	0	1	0	1	1	1	1	1	1
x_2	0	0	0	0	1	1	1	1	0	0	0	0	1	1	1	1
x_1	0	0	1	1	0	0	1	1	0	0	1	1	0	0	1	1
x_0	0	1	0	1	0	1	0	1	0	1	0	1	0	1	0	1

（续表）

B_3	0	0	0	0	0	0	0	0	0	0	0	×	×	×	×	×
B_2	0	0	0	0	0	0	0	0	0	0	0	×	×	×	×	×
B_1	1	1	1	1	0	0	0	0	0	0	0	×	×	×	×	×
B_0	1	1	1	1	1	1	1	1	0	0	0	×	×	×	×	×

注:"×"代表取值任意,取 0 或 1,下同。

由卡诺图化简后可得:$B_3=0$,$B_2=0$,$B_1=\overline{x_3 x_2}$,$B_0=\overline{x_3}$,该分段函数的电路如图 18.4 所示。

(2) 应用二:8421 BCD 码转换成余 3 码

余 3 码是在 8421 BCD 码基础上加 3 得到的,利用 74LS283 实现的电路如图 18.5 所示。

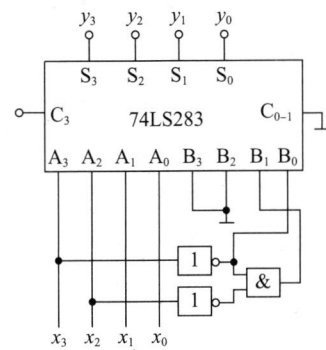

图 18.4　分段函数电路设计图

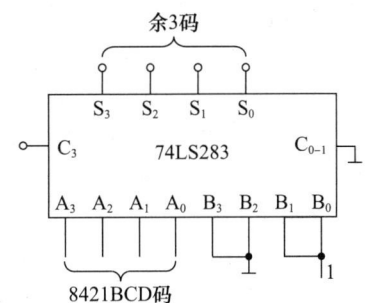

图 18.5　8421 BCD 码转换成余 3 码电路图

三、实验仪器与器件

- 数字电路实验箱　　　　　1 台
- 芯片:74LS283(4 位二进制加法器)、74LS04(非门)、74LS08(2 输入与门)

各芯片的引脚排列如图 18.6 所示。

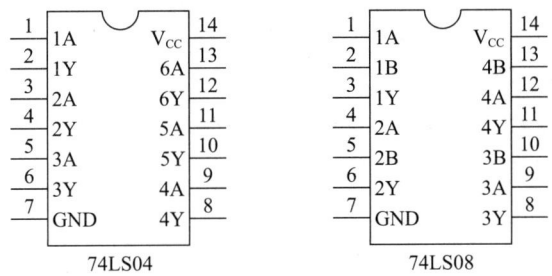

图 18.6　各芯片的引脚排列

四、实验内容

1. 测试 74LS283 的逻辑功能

将 74LS283 的输入端 $A_3 A_2 A_1 A_0$、$B_3 B_2 B_1 B_0$ 和低位进位端 C_{0-1} 接逻辑开关,输出端 $S_3 S_2 S_1 S_0$ 和 C_3 接逻辑电平指示器,记录测试结果,并记入表 18.3。

表 18.3　74LS283 的实验测试结果

A_3	A_2	A_1	A_0	B_3	B_2	B_1	B_0	C_{0-1}	S_3	S_2	S_1	S_0	C_3
0	0	1	1	0	1	0	1	0					
1	0	0	1	1	0	0	1	0					
0	1	1	0	0	1	1	1	1					
1	0	1	0	1	0	1	0	1					

2. 应用 74LS283 实现 8421 BCD 码和余 3 码的转换

根据图 18.5 搭建测试电路,验证 8421 BCD 码和余 3 码转换的功能,并列出真值表,记录测试结果,并记入表 18.4。

表 18.4　8421 BCD 码和余 3 码转换的实验测试结果

A_3	0	0	0	0	0	0	0	0	1	0	1	1	1	1	1	1
A_2	0	0	0	0	1	1	1	1	0	0	0	0	1	1	1	1
A_1	0	0	1	1	0	0	1	1	0	0	1	1	0	0	1	1
A_0	0	1	0	1	0	1	0	1	0	1	0	1	0	1	0	1
S_3																
S_2																
S_1																
S_0																

3. 应用 74LS283 实现下述分段函数

$$y=\begin{cases} x+5 & 0 \leqslant x \leqslant 3 \\ x+2 & 4 \leqslant x \leqslant 7 \\ x+1 & 8 \leqslant x \leqslant 10 \end{cases}$$

参照前面的方法,选用少量门电路设计分段函数电路,通过实验,列表记录 $0 \leqslant x \leqslant 10$ 范围内的结果。参照表 18.4,记录实验结果。

五、预习要求

(1) 复习加法器的基本逻辑功能。
(2) 画出各实验内容的测试电路与数据记录表格。

六、实验报告

(1) 用加法器对实验内容进行设计,写出设计全过程,画出电路图和电路接线图,并进行逻辑功能测试,记录整理原始数据。
(2) 总结实验收获和体会。

七、设计性实验

1. 实验目的

通过实验,体会利用集成电路设计电路的重要性,进一步掌握 74LS283 的性能及应用。

2. 设计题目

(1) 基于 Quartus II 软件,采用顶层设计的理念,设计一个 4 位二进制加法器,要求用基本门电路设计全加器,再用4个全加器级联形成4位加法器。

(2) 利用2片4位加法器芯片和少量门电路实现两个BCD码的加法,要求结果也是BCD码,并能正确体现进位。

(3) 利用2片加法器和少量门电路实现两个BCD码的减法,要求结果也是BCD码,并能正确体现结果符号(正数、负数)。

3. 实验内容及要求

(1) 写出设计报告,包括设计原理、设计电路及电路元器件的参数选择。

(2) 组装和调试电路,验证电路功能是否实现并演示,如不满足,重新调试,直到满足设计要求。

(3) 记录实验结果数据,撰写实验报告,画出实验电路。

实验 19　译码器及其应用

一、实验目的

(1) 掌握译码器的逻辑功能。
(2) 学习译码器的应用。

二、实验原理

译码器是一个多输入、多输出的组合逻辑电路。它的作用是把给定的代码进行"翻译",变成相应的状态,使输出通道中相应的一路有信号输出。译码器在数字系统中有广泛的用途,不仅用于代码的转换、终端的数字显示,还用于数据分配、存储器寻址和组合控制信号等。不同的功能实现可选用不同种类的译码器。

变量译码器(二进制译码器)用以表示输入变量的状态,如 2 线-4 线、3 线-8 线和 4 线-16 线译码器等。若有 n 个输入变量,则有 2^n 个不同的组合状态,就有 2^n 个输出可供使用。而每一个输出所代表的函数对应于 n 个输入变量的最小项。下面以 3 线-8 线译码器 74LS138 为例进行分析,图 19.1 所示为其内部逻辑图。

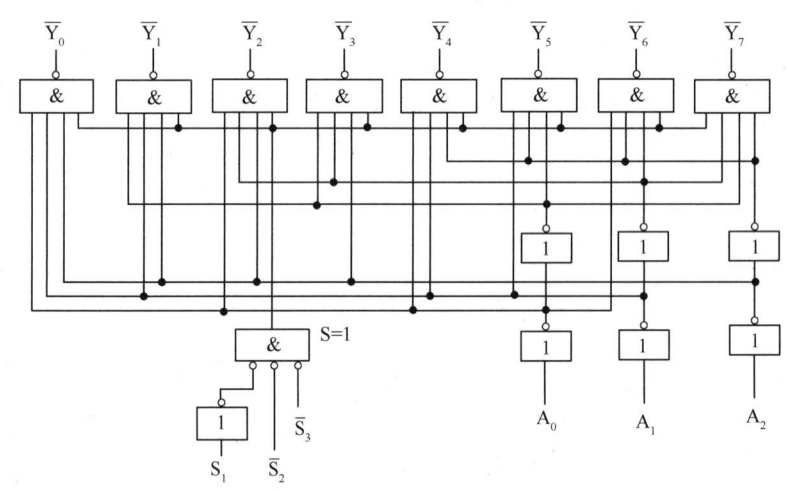

图 19.1　3 线-8 线译码器 74LS138 的内部逻辑图

图 19.1 中,A_0、A_1、A_2 为输入端,$\overline{Y_0} \sim \overline{Y_7}$ 是输出端,S_1、$\overline{S_2}$、$\overline{S_3}$ 是使能端。由 74LS138 的功能可知,当 $S_1=1$,$\overline{S_2}+\overline{S_3}=0$ 时,译码器使能,$A_0 A_1 A_2$ 取值的组合将决定 $\overline{Y_0} \sim \overline{Y_7}$ 中某个输出端有效(低电平有效),而其他输出端均无信号输出(输出全为高电平"1")。当 $S_1=0$,$\overline{S_2}+\overline{S_3}=\times$ 时,或 $S_1=\times$,$\overline{S_2}+\overline{S_3}=1$ 时,74LS138 被禁止,所有输出端同时为高电平"1"。74LS138 的功能表见表 19.1。

表 19.1　74LS138 的功能表

输入					输出							
S_1	$\overline{S_2}+\overline{S_3}$	A_2	A_1	A_0	$\overline{Y_0}$	$\overline{Y_1}$	$\overline{Y_2}$	$\overline{Y_3}$	$\overline{Y_4}$	$\overline{Y_5}$	$\overline{Y_6}$	$\overline{Y_7}$
×	1	×	×	×	1	1	1	1	1	1	1	1
0	×	×	×	×	1	1	1	1	1	1	1	1
1	0	0	0	0	0	1	1	1	1	1	1	1
1	0	0	0	1	1	0	1	1	1	1	1	1
1	0	0	1	0	1	1	0	1	1	1	1	1
1	0	0	1	1	1	1	1	0	1	1	1	1
1	0	1	0	0	1	1	1	1	0	1	1	1
1	0	1	0	1	1	1	1	1	1	0	1	1
1	0	1	1	0	1	1	1	1	1	1	0	1
1	0	1	1	1	1	1	1	1	1	1	1	0

三、实验仪器与器件

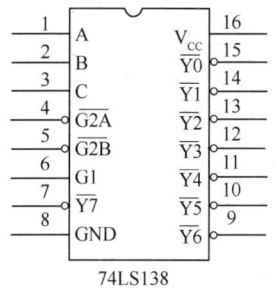

图 19.2　74LS138 的引脚排列

- 数字电路实验箱　　1 台
- 芯片:74LS138(3 线-8 线译码器)

74LS138 的引脚排列如图 19.2 所示。

四、实验内容

1.74LS138 的逻辑功能测试

将 74LS138 的使能端 S_1、$\overline{S_2}$、$\overline{S_3}$ 及输入端 A_0、A_1、A_2 分别接到逻辑开关,8 个输出端 $\overline{Y_0} \sim \overline{Y_7}$ 依次连接在 0-1 指示器的 8 个插口上,拨动逻辑开关,按照 74LS138 的功能表逐项测试其逻辑功能。

注意:74LS138 的引脚符号和其真值表中符号的对应关系为:
$A=A_0$(低位),$B=A_1$,$C=A_2$(高位),$\overline{G2A}=\overline{S_2}$,$\overline{G2B}=\overline{S_3}$,$G1=S_1$

2. 译码器的应用——利用译码器做数据分配器

从 74LS138 的一个使能端输入数据,74LS138 就成为一个数据分配器(多路分配器)。若从 S_1 输入数据(单脉冲源作为数据源或用逻辑开关给出的高、低电平作为数据),$\overline{S_2}+\overline{S_3}=0$,74LS138 所对应的输出是 S_1 输入数据的反码(即 $S_1=1$,输出与之相反,为"0");若从 $\overline{S_2}$ 输入数据(连续脉冲源作为输入数据或用逻辑开关给出的高、低电平作为数据),令 $S_1=1$,$\overline{S_3}=0$,74LS138 所对应的输出就是 $\overline{S_2}$ 输入数据的原码(即 $\overline{S_2}=1$,输出为"1")。

实验结果记入表 19.2 中。

表 19.2　74LS138 做数据分配器的实验结果记录表

$A_2 A_1 A_0$	$\overline{S_2}$ 输入($S_1=1,\overline{S_3}=0$)	输出 $Y_i=0/1$	S_1 输入($\overline{S_2}+\overline{S_3}=0$)	输出 $Y_i=0/1$
1 1 1	1		1	
1 1 1	0		0	
0 1 1	1		1	
0 1 1	0		0	

由此可见,将 $A_2 A_1 A_0$ 作为"地址"输入端,根据其变量取值的不同组合,由 S_1 或 $\overline{S_2}$ 输入的数据只能通过由 $A_2 A_1 A_0$ 所指定的一根输出线送出去。这就不难理解把 $A_2 A_1 A_0$ 称为地址

输入变量,译码器称为地址译码器。

五、预习要求
(1) 复习有关译码器和数据分配器的原理。
(2) 根据实验任务,画出所需的实验电路,列出逻辑函数表达式。

六、实验报告
对实验结果进行分析整理,写出实验报告。

七、设计性实验
1. 实验目的

通过实验,进一步掌握 74LS138 的性能及应用。

2. 设计题目

(1) 利用译码器实现逻辑函数:请用 74LS138 和与非门实现下列函数(并画出逻辑电路图)
$$Z=\overline{A}\,\overline{B}\,\overline{C}+\overline{A}B\,\overline{C}+\overline{A}BC+ABC$$

(2) 利用 74LS138 和适当的门电路设计一个全加器,并进行测试验证。

(3) 利用 74LS138 和适当的门电路设计一个全减器,并进行测试验证。

3. 实验内容及要求

(1) 写出设计报告,包括设计原理、设计电路及如何选择电路元器件参数。

(2) 组装和调试设计电路,检验电路是否满足设计要求并动手演示。如不满足,重新调试,使其满足设计要求。

(3) 写出实验总结报告,并画出调试成功的设计电路。

实验 20 数据选择器及其应用

一、实验目的
(1) 掌握中规模集成数据选择器的逻辑功能及使用方法。
(2) 学习用数据选择器构成组合逻辑电路的方法。

二、实验原理

数据选择器又叫"多路开关"。数据选择器在地址码(或叫选择控制信号)的控制下,从几个数据输入中选择一个并将其送到公共的输出端。数据选择器的功能类似一个多掷开关。如图 20.1 所示,4 路数据 $D_0 \sim D_3$ 通过选择控制信号 A_1、A_0(地址码),从 4 路数据中选中某一路数据送至输出端 Q。数据选择器的用途很多,例如多通道传输、数码比较、并行码变串行码等。

数据选择器是逻辑电路设计中应用十分广泛的器件,有 2 选 1、4 选 1、8 选 1、16 选 1 等类别。

1. 双 4 选 1 数据选择器 74LS153

双 4 选 1 数据选择器就是在一块集成电路上有两个 4 选 1 数据选择器。74LS153 的引脚排列如图 20.2 所示,功能表见表 20.1。

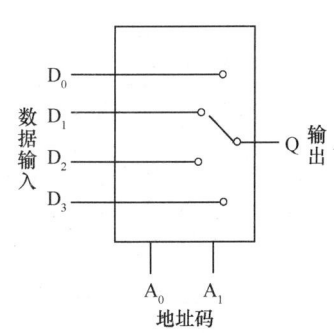

表 20.1 74LS153 功能表

输入			输出
$\overline{S}$	A_1	A_0	Q
1	×	×	0
0	0	0	D_0
0	0	1	D_1
0	1	0	D_2
0	1	1	D_3

图 20.1 4 选 1 数据选择器示意图   图 20.2 74LS153 的引脚排列

$1\overline{S}$、$2\overline{S}$ 为两个独立的使能端;A_1、A_0 为公用的地址输入端;$1D_0 \sim 1D_3$ 和 $2D_0 \sim 2D_3$ 分别为两个 4 选 1 数据选择器的数据输入端;1Q、2Q 为两个输出端。

① 当使能端 $1\overline{S}(2\overline{S})=1$ 时,多路开关被禁止,无输出,Q=0。

② 当使能端 $1\overline{S}(2\overline{S})=0$ 时,多路开关正常工作,根据地址码 A_1、A_0 的状态,将相应的数据 $D_0 \sim D_3$ 送到输出端 Q。

例如,$A_1A_0=00$,则选择 D_0 数据到输出端,即 $Q=D_0$;$A_1A_0=01$,则选择 D_1 数据到输出端,即 $Q=D_1$,其余类推。

2. 8 选 1 数据选择器 74LS151

74LS151 为互补输出的 8 选 1 数据选择器,引脚排列如图 20.3 所示,功能表见表 20.2。

选择控制端(地址输入端)为 $A_2 \sim A_0$,按二进制译码,从 8 个输入数据 $D_0 \sim D_7$ 中选一个需要的数据送到输出端 Q。$\overline{S}$ 为使能端,低电平有效。

表 20.2 74LS151 功能表

输入				输出	
$\bar{S}$	A_2	A_1	A_0	Q	$\bar{Q}$
1	×	×	×	0	1
0	0	0	0	D_0	$\bar{D}_0$
0	0	0	1	D_1	$\bar{D}_1$
0	0	1	0	D_2	$\bar{D}_2$
0	0	1	1	D_3	$\bar{D}_3$
0	1	0	0	D_4	$\bar{D}_4$
0	1	0	1	D_5	$\bar{D}_5$
0	1	1	0	D_6	$\bar{D}_6$
0	1	1	1	D_7	$\bar{D}_7$

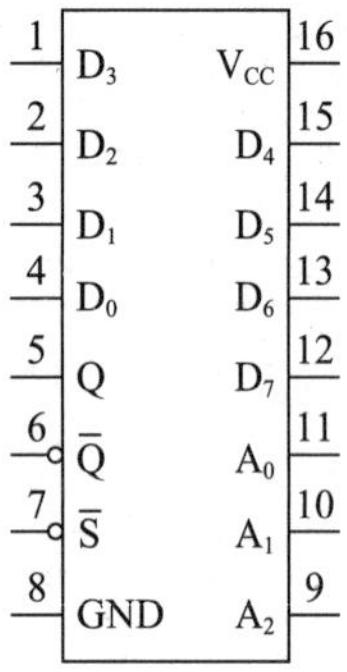

图 20.3 74LS151 的引脚排列

使能端 $\bar{S}=1$ 时,不论 $A_2 \sim A_0$ 的状态如何,均无输出($Q=0$, $\bar{Q}=1$),多路开关被禁止。

使能端 $\bar{S}=0$ 时,多路开关正常工作,根据 $A_2 \sim A_0$ 的状态选择 $D_0 \sim D_7$ 中某个数据送到输出端 Q。

例如,$A_2A_1A_0=000$,则选择 D_0 数据到输出端,即 $Q=D_0$;$A_2A_1A_0=001$,则选择 D_1 数据到输出端,即 $Q=D_1$,其余类推。

3. 数据选择器实现逻辑函数

例1:用8选1数据选择器 74LS151 实现函数
$$F=A\bar{B}+\bar{A}C+B\bar{C}$$

采用 74LS151 可实现任意三输入变量的组合逻辑函数。

作出函数 F 的功能表,如表 20.3 所示。将函数 F 的功能表与 74LS151 的功能表相比较,可知:①将输入变量 C、B、A 作为 74LS151 的地址码 A_2、A_1、A_0;②使 74LS151 的各数据输入 $D_0 \sim D_7$ 分别与函数 F 的输出值一一对应,即:

$A_2A_1A_0=CBA$

$D_0=D_7=0$

$D_1=D_2=D_3=D_4=D_5=D_6=1$

表 20.3 函数功能表

输入			输出
C	B	A	F
0	0	0	0
0	0	1	1
0	1	0	1
0	1	1	1
1	0	0	1
1	0	1	1
1	1	0	1
1	1	1	0

则 74LS151 的输出 Q 便实现了函数 $F=A\bar{B}+\bar{A}C+B\bar{C}$,接线图如图 20.4 所示。

显然,采用具有 n 个地址输入端的数据选择器实现 n 个变量的逻辑函数时,应将函数的输入变量加到数据选择器的地址输入端,数据选择器的数据输入(D)按次序以函数 F 输出值来赋值。

例2:用4选1数据选择器 74LS153 实现函数
$$F=\bar{A}BC+A\bar{B}C+AB\bar{C}+ABC$$

函数 F 的功能表见表 20.4。

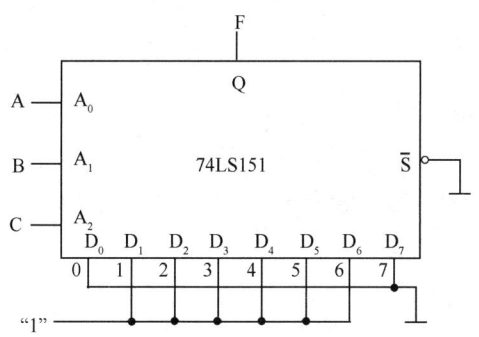

图 20.4　74LS151 实现函数的接线图

函数 F 有 3 个输入变量 A、B、C,而 74LS153 有两个地址输入端 A_1、A_0,少于函数输入变量的个数,在设计时可任选 A 接 A_1,B 接 A_0。重列函数功能表,如表 20.5 所示,可见当将输入变量 A、B、C 中的 A、B 接 74LS153 的地址输入端 A_1、A_0 时,由表 20.5 不难看出:

$D_0=0$,　$D_1=D_2=C$,　$D_3=1$

则 74LS153 的输出便实现了函数 $F=\overline{A}\overline{B}C+\overline{A}B\overline{C}+A\overline{B}C+ABC$,接线图如图 20.5 所示。

当函数的输入变量大于数据选择器的地址输入端时,选用函数输入变量作地址输入端的方案不同,设计结果可能不同,需对各种方案进行比较,以获得最佳方案。

表 20.4　函数功能表(1)

输入			输出
A	B	C	F
0	0	0	0
0	0	1	0
0	1	0	0
0	1	1	1
1	0	0	0
1	0	1	1
1	1	0	1
1	1	1	1

表 20.5　函数功能表(2)

输入			输出	中选数据端
A	B	C	F	
0	0	0	0	$D_0=0$
0	0	1	0	
0	1	0	0	$D_1=C$
0	1	1	1	
1	0	0	0	$D_2=C$
1	0	1	1	
1	1	0	1	$D_3=1$
1	1	1	1	

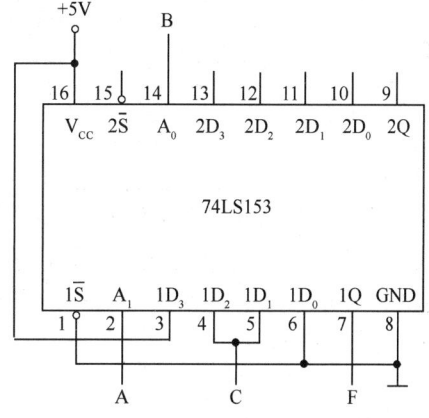

图 20.5　74LS153 实现函数的接线图

三、实验仪器与器件

- 数字电路实验箱　1 台
- 芯片:74LS153(双 4 选 1 数据选择器)、74LS151(8 选 1 数据选择器)、74LS04(反相器)、74LS32(双 2 输入或门)

四、实验内容

1. 测试 74LS153 的逻辑功能

将 74LS153 的地址输入端 A_1、A_0、数据端 $1D_0 \sim 1D_3$、使能端 $1\overline{S}$ 接逻辑开关,输出端 1Q 接逻辑电平显示器,按 74LS153 的功能表逐项进行测试,记录测试结果。

2. 测试 74LS151 的逻辑功能

测试方法及步骤同上,记录测试结果。

3. 将 4 选 1 数据选择器扩展成 8 选 1 数据选择器

按图 20.6 所示接线,当输入地址变量($A_2 A_1 A_0$)分别为 000,001,010,…,111 时,输出 Y 分别为输入信号 $D_0 \sim D_7$,通过实验记录,并填入表 20.6 中。

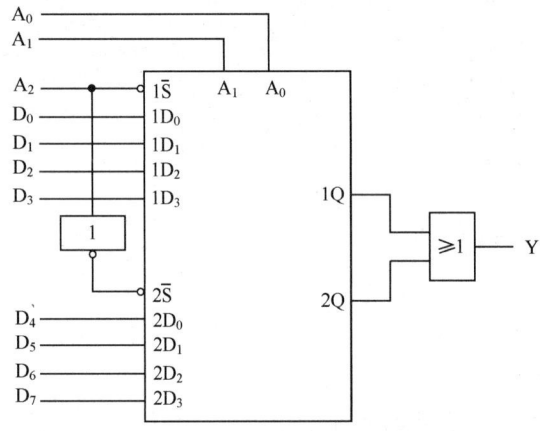

图 20.6　4 选 1 数据选择器扩展成 8 选 1 数据选择器

表 20.6　实验结果记录表

输入	A_2	0	0	0	0	1	1	1	1
	A_1	0	0	1	1	0	0	1	1
	A_0	0	1	0	1	0	1	0	1
输出	Y								

(1) 分析图 20.6 的工作原理,掌握数据选择器的扩展方法。

(2) 设计其他扩展方法,画出接线图并验证逻辑功能。

4. 用 8 选 1 数据选择器(直接采用 74LS151 或实验内容 3 扩展的 8 选 1 数据选择器)设计三人多数表决电路

(1) 写出设计过程。

(2) 画出接线图。

(3) 验证逻辑功能。

五、预习要求

(1) 复习数据选择器的工作原理。

(2) 用数据选择器对实验内容中各逻辑函数进行预设计。

六、实验报告

(1) 用数据选择器对实验内容进行设计,写出设计全过程,画出接线图,并进行逻辑功能测试。

(2) 总结实验收获和体会。

七、设计性实验

1. 实验目的

通过实验,进一步掌握数据选择器 74LS151 和 74LS153 的性能及应用。

2. 设计题目

(1) 用 74LS153 实现全加器。写出设计过程,画出接线图,验证逻辑功能。

(2) 用 1 个 74LS151 实现逻辑函数 $F=A\bar{B}\bar{D}+BD+C\bar{D}$。写出设计过程,画出接线图,验证逻辑功能。

3. 实验内容及要求

(1) 写出设计报告,包括设计原理、设计电路及如何选择电路元器件参数。

(2) 调试设计电路,验证电路是否满足设计要求。

(3) 写出实验总结报告,并画出调试成功的设计电路。

实验 21　触发器及其应用

一、实验目的
(1) 验证基本 RS 触发器、D 触发器及 JK 触发器的逻辑功能。
(2) 设计一单发脉冲发生器,验证其功能。

二、实验原理
触发器具有两个稳定状态,用以表示逻辑"1"和逻辑"0",在一定的外界信号作用下,触发器可以从一个稳定状态转到另一个稳定状态。触发器是一个具有记忆功能的二进制信息存储器件,是构成各种时序逻辑电路最基本的逻辑单元。

1. 基本 RS 触发器

基本 RS 触发器由两个与非门交叉耦合构成,其电路结构和逻辑符号如图 21.1 所示。基本 RS 触发器具有置"0"、置"1"和保持 3 种功能。通常称 $\overline{S_D}=\overline{R_D}=1$ 时的输出状态为保持(由与非门组成的 RS 触发器,控制端为低电平有效)。另外,基本 RS 触发器也可以用两个或非门组成,注意,此时为高电平触发有效。

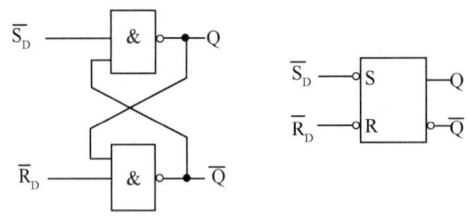

图 21.1　基本 RS 触发器的电路结构和逻辑符号

2. D 触发器

在输入信号需要为单端的情况下,D 触发器使用起来最方便,其输出状态的更新发生在 CLK 脉冲的边沿(上升沿或下降沿),故又称其为边沿触发器。D 触发器的状态只取决于 CLK 脉冲到来前 D 端的状态。D 触发器的应用很广,可用作数字信号的寄存、移位寄存、分频和波形发生等,并有很多种型号供各种用途的需要选用。如双 D 触发器 74LS74、CD4013,四 D 触发器 74LS175、CD4042,六 D 触发器 74LS174,八 D 触发器 74LS374 等。

3. JK 触发器

在输入信号为双端的情况下,JK 触发器是功能完善、使用灵活和通用性较强的一种触发器。74LS76、74LS112、CD4027 均为双 JK 触发器,它们也属于边沿触发器,使用时需根据给出的引脚排列判别是上升沿(↑)还是下降沿(↓)触发,异步置"1"、置"0"端是高电平有效还是低电平有效(不用时需接相反的电平)。

D 触发器、JK 触发器的逻辑符号如图 21.2 所示。

三、实验仪器与器件
- 数字电路实验箱　　　1 台

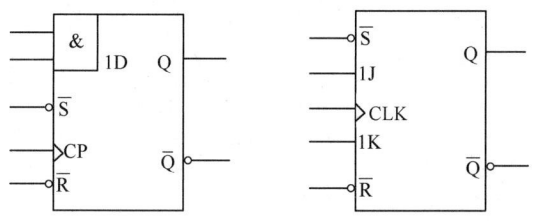

图 21.2 D 触发器、JK 触发器的逻辑符号

● 芯片:74LS00(四二输入与非门)、74LS74(双 D 触发器)、CD4027(双 JK 触发器)
各芯片的引脚排列如图 21.3 所示。

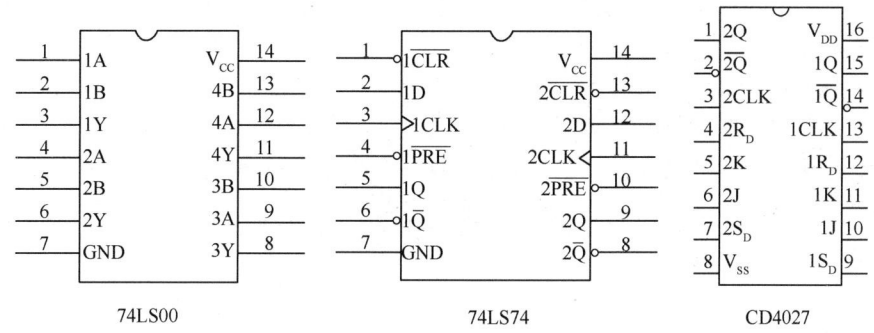

图 21.3 各芯片的引脚排列

四、实验内容

1. 用基本 RS 触发器组成一个无抖动的开关(或称消除抖动开关)

电路连接如图 21.4 所示,使用逻辑开关控制 $\overline{R_D}$、$\overline{S_D}$ 端的输入。

2. 测试双 D 触发器 74LS74 的逻辑功能

测试 $\overline{CLR}$、$\overline{PRE}$ 的复位、置位功能;观察 74LS74 输出状态的更新是发生在 CLK 脉冲的上升沿(↑)还是下降沿(↓),并记入表 21.1 中。

表 21.1 74LS74 逻辑功能实验记录表

$\overline{CLR}$	$\overline{PRE}$	D	CLK	Q^{n+1}	
				$Q^n=0$	$Q^n=1$
0	1	×			
1	0	×			
1	1	0			
1	1	1			

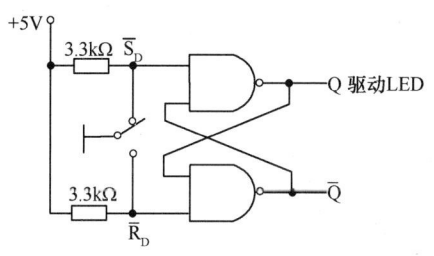

图 21.4 基本 RS 触发器组成的无抖动开关

3. 测试双 JK 触发器 CD4027 的逻辑功能

将 CD4027 的 R_D、S_D、J、K 端接逻辑开关,CLK 端接单次脉冲源,Q、$\overline{Q}$ 端接到逻辑电平显示器,分别改变 R_D、S_D、J、K 端状态时观察输出 Q、$\overline{Q}$ 端的状态,以及 CD4027 输出更新状态是发生在 CLK 脉冲的上升沿(↑)还是下降沿(↓),并记入表 21.2 中。

表 21.2　CD4027 逻辑功能实验记录表

R_D	S_D	J	K	CLK	Q^{n+1} ($Q^n=0$)	Q^{n+1} ($Q^n=1$)
1	0	×	×			
0	1	×	×			
0	0	0	0			
0	0	0	1			
0	0	1	0			
0	0	1	1			

4. 单发脉冲发生器实验

用双 JK 触发器 CD4027 设计一个单发脉冲发生器。要求将频率为 1Hz 的连续脉冲和手控触发脉冲分别作为两个触发器的 CLK 脉冲输入,只要手控触发脉冲送出一个脉冲(按一下按钮),单发脉冲发生器就送出一个脉冲,该脉冲与手控触发脉冲的时间长短无关。

图 21.5 所示为用 CD4027 组成的单发脉冲发生器,供设计时参考。

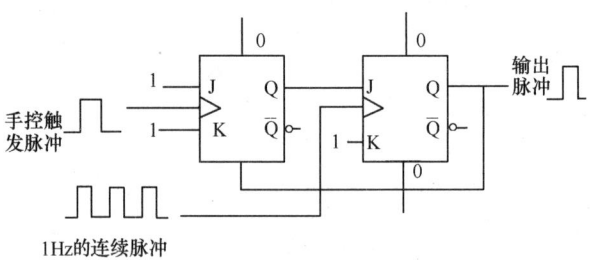

图 21.5　单发脉冲发生器

五、预习要求
(1) 复习有关 D 触发器、JK 触发器的内容。
(2) 预习实验电路的工作原理,拟订实验方案。

六、实验报告
(1) 整理各触发器的逻辑功能,总结实验结果。
(2) 写出实验体会及实验中遇到的问题是如何解决的。

七、设计性实验
1. 实验目的
通过实验,进一步熟练掌握逻辑电路的调试方法。
2. 设计题目
汽车尾灯安装在汽车尾部的左、右两侧,一般各为 3 只,用来警示后面的汽车,告诉本车左右转弯、停车、刹车等状况。

要求设计一个汽车尾灯控制电路,用 6 只发光二极管模拟 6 只汽车尾灯,左、右各 3 只,用 4 个开关分别模拟刹车信号 K_1、停车信号 K_2、左转弯信号 K_L 和右转弯信号 K_R。

(1) 正常情况下,汽车右(或左)转弯时,该侧的 3 只尾灯按图 21.6 所示的周期亮、暗,状态转换时间为 1s,直至断开该转向开关。

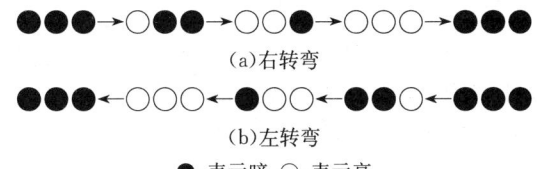

●:表示暗　○:表示亮

图 21.6　3 只汽车尾灯转弯时的闪亮规律

(2) 无制动时(无刹车,K_1="0"),若司机不慎将两个转向开关接通,则两侧尾灯都做同样的周期变化,示意图同图 21.6。

(3) 在刹车制动时(K_1="1"),6 只尾灯同时亮。

(4) 停车时(K_2="1"),6 只尾灯均按 1Hz 频率闪亮,直到 K_2="0"为止。

3. 实验内容及要求

(1) 写出设计报告,包括设计原理、设计电路及如何选择电路元件参数。

(2) 组装和调试设计电路,检验电路是否满足设计要求并动手演示。如不满足,重新调试,使其满足设计要求。

(3) 写出实验总结报告,画出调试成功的设计电路。

实验 22　计数器及其应用

一、实验目的
(1) 掌握中规模集成计数器的逻辑功能及使用方法。
(2) 学习运用计数器芯片构成 N 位十进制计数器的方法。

二、实验原理

计数器是一个实现计数功能的时序器件,它不仅可以用来记录脉冲的个数,还常用于数字系统的定时、分频和执行数字运算及其他特定的逻辑功能。

计数器的种类很多,按构成计数器的各个触发器输出状态更新是否受同一个 CP 脉冲控制来分,分为同步计数器和异步计数器;根据计数制的不同,分为二进制计数器、十进制计数器和任意进制计数器;根据计数的增减趋势,又分为加法计数器、减法计数器和加/减(可逆)计数器。另外,还有可预置数和可编程序功能的计数器等。目前,无论是 TTL 电路还是 CMOS 电路,都有品种较为齐全的中规模集成计数器芯片。如异步十进制计数器 74LS90,4 位二进制同步计数器 74LS93、CD4520,4 位十进制计数器 74LS160、74LS162,4 位二进制可预置同步计数器 CD40161、74LS161、74LS163,4 位二进制可预置同步加/减计数器 CD4510、CD4516、74LS191、74LS193,十进制同步加/减计数器 74LS190、74LS192、CD40192 等。使用者只要借助于器件手册提供的功能表、工作波形图及引脚排列图,就能正确使用这些器件。

三、实验仪器与器件
- 数字电路实验箱　　1 台
- 芯片:74LS163(4 位二进制可预置同步计数器)、74LS00(四二输入与非门)、74LS192(十进制同步加/减计数器)

各芯片的引脚排列如图 22.1 所示。

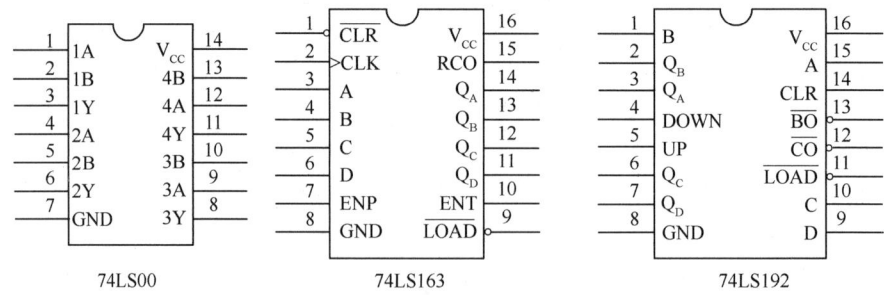

图 22.1　各芯片的引脚排列

四、实验内容

1. 根据表 22.1 测试 74LS163 的各项逻辑功能

74LS163 为 4 位二进制数并行输出的计数器,它有并行装载输入端和同步清零输入端。

74LS163 的技术参数为：
- 电源电压 $V_{CC}=+5V$；
- 应用、测试温度范围 0～74℃；
- 输入时钟频率 25MHz；
- 时钟脉冲宽度 25ns；
- 清零时钟脉冲宽度 20ns。

表 22.1　74LS163 的功能表

输入									输出			
$\overline{CLR}$	$\overline{LOAD}$	ENP	ENT	CLK	D	C	B	A	Q_D^{n+1}	Q_C^{n+1}	Q_B^{n+1}	Q_A^{n+1}
0	×	×	×	↑	×	×	×	×	0	0	0	0
1	0	×	×	↑	d_3	d_2	d_1	d_0	d_3	d_2	d_1	d_0
1	1	1	1	↑	×	×	×	×	计数			
1	1	0	1	×	×	×	×	×	保持			
1	1	×	0	×	×	×	×	×	保持(RCO=0)			

2. 用 74LS163 构成十进制计数器

如图 22.2 所示，采用一个与非门，其两个输入取自 Q_A 和 Q_D，输出接同步清零端 $\overline{CLR}$。当第 9 个脉冲结束时，Q_A 和 Q_D 都为"1"，则与非门输出为低电平"0"，并加到 $\overline{CLR}$ 端，因 $\overline{CLR}$ 为同步清零端，此时虽已建立清零信号，但并不执行清零，只有第 10 个脉冲到来后 74LS163 才被清零，这就是同步清零的意义所在。

验证图 22.2 是否如同一个模 10 计数器。

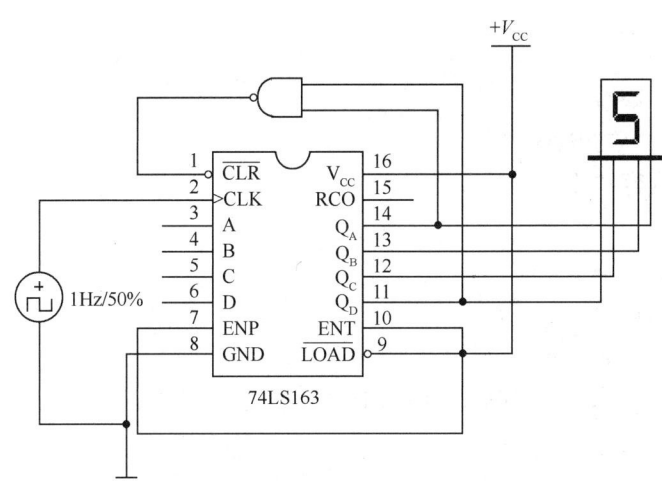

图 22.2　用 74LS163 构成十进制计数器

3. 用两个 74LS163 构成一个两位十进制计数器

连接电路图如图 22.3 所示。

当 74LS163(1) 计到 9 时(1001)，产生清零信号并同时使 74LS163(2) 的控制端 ENT 为高电平，使 74LS163(2) 开始计数，同样计到 9 时(1001)产生低电平清零信号使其清零，输出显示为 0，两个计数器的输出接数码管，观察计数情况。

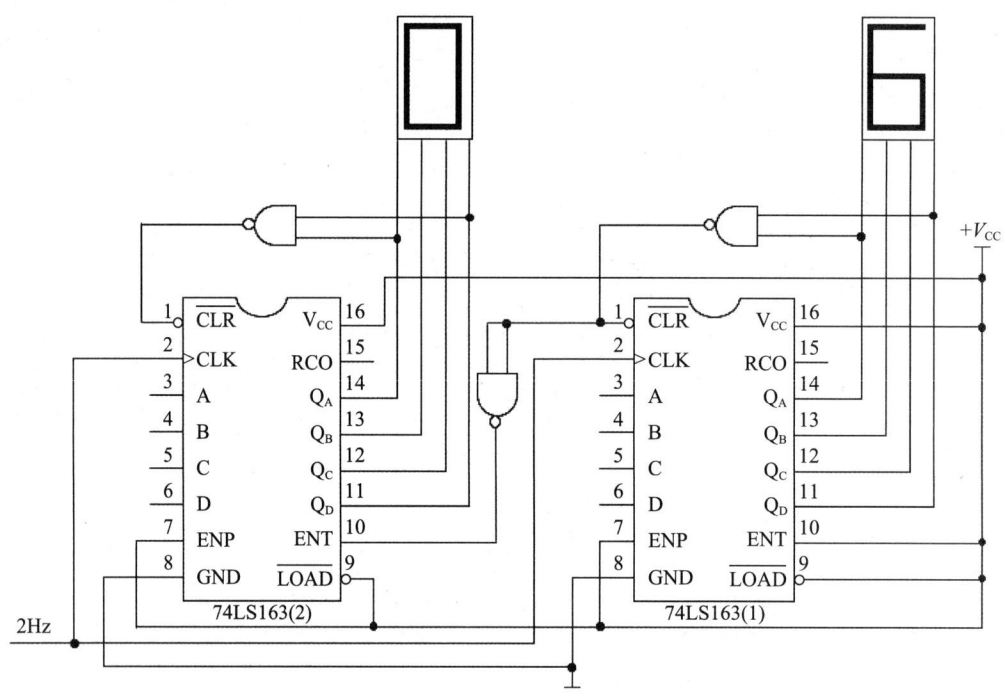

图 22.3 用两个 74LS163 构成两位十进制计数器

计数器的 4 位输出可连接到数字电路实验箱上的七段显示译码器的 4 个输入端,电路如图 22.3 所示(注意,计数器的输出端 $Q_A \sim Q_D$ 和七段显示译码器的输入端 A~D 一一对应连接)。

五、预习要求

(1) 复习有关计数器的内容。
(2) 画出实验内容的电路图。
(3) 写出实验内容的测试记录表格。

六、实验报告

(1) 画出实验电路图。
(2) 总结使用计数器的体会。
(3) 分析图 22.4 所示的计数器是几进制计数器。

七、设计性实验

1. 实验目的

通过实验,进一步掌握利用集成电路设计计数器的方法,熟悉电路的调试方法。

2. 设计题目

利用中规模集成电路和少量门电路设计一个计时用的十二进制计数器。实现的方案可以有多种,下面举一个例子供参考。

74LS192 是十进制同步加/减计数器,具有双时钟输入十进制可逆计数、异步并行置数、保

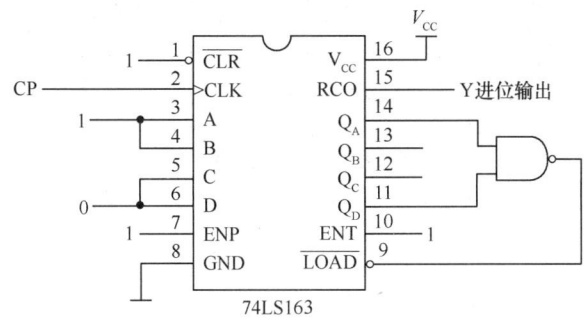

图 22.4 计数器

持和异步清零功能。74LS192 的功能表见表 22.2。

表 22.2 74LS192 的功能表

输入								输出	功能
CLR	$\overline{\text{LOAD}}$	UP	DOWN	D	C	B	A		
1	×	×	×	×	×	×	×	$Q_D^{n+1}Q_C^{n+1}Q_B^{n+1}Q_A^{n+1}=0000$	异步清零
0	0	×	×	d_3	d_2	d_1	d_0	$Q_D^{n+1}Q_C^{n+1}Q_B^{n+1}Q_A^{n+1}=d_3d_2d_1d_0$	异步置数
0	1	↑	1	×	×	×	×	$Q_D^{n+1}Q_C^{n+1}Q_B^{n+1}Q_A^{n+1}=Q_D^nQ_C^nQ_B^nQ_A^n+1$	加法计数
0	1	1	↑	×	×	×	×	$Q_D^{n+1}Q_C^{n+1}Q_B^{n+1}Q_A^{n+1}=Q_D^nQ_C^nQ_B^nQ_A^n-1$	减法计数
0	1	1	1	×	×	×	×	$Q_D^{n+1}Q_C^{n+1}Q_B^{n+1}Q_A^{n+1}=Q_D^nQ_C^nQ_B^nQ_A^n$	保持

74LS192 部分引脚的含义如下:

CLR	清零端	$\overline{\text{LOAD}}$	置数端(装载端)
UP	加计数脉冲输入端	DOWN	减计数脉冲输入端
$\overline{\text{CO}}$	非同步进位输出端	$\overline{\text{BO}}$	非同步借位输出端
D、C、B、A	计数器数据输入端	Q_D、Q_C、Q_B、Q_A	计数器数据输出端

(1) 根据 74LS192 的功能表,测试其各种逻辑功能。

计数脉冲由单次脉冲源提供,清零端 CLR、置数端$\overline{\text{LOAD}}$和数据输入端 A、B、C、D 分别接逻辑开关,数据输出端 Q_D、Q_C、Q_B、Q_A 接数字电路实验箱上的七段显示译码器的输入端 A、B、C、D,$\overline{\text{CO}}$和$\overline{\text{BO}}$接逻辑电平显示器,按 74LS192 的功能表逐项测试其逻辑功能。

① 清零:令 CLR=1,其他输入为任意状态,这时 $Q_DQ_CQ_BQ_A=0000$,译码器数字显示为 0。清零后,令 CLR=0。

② 置数:令 CLR=0,输入端输入任意一组二进制数,令$\overline{\text{LOAD}}$=0,观察显示输出,即输出显示为输入的一组二进制数;若是,则置$\overline{\text{LOAD}}$=1。

③ 加计数:令 CLR=0,$\overline{\text{LOAD}}$=DOWN=1,UP 端接单次脉冲源,清零后送入 10 个脉冲,观察输出状态变化是否发生在 UP 脉冲的上升沿。

④ 减计数:令 CLR=0,$\overline{\text{LOAD}}$=UP=1,DOWN 端接单次脉冲源,清零后送入 10 个脉冲,观察输出状态变化是否发生在 DOWN 脉冲的上升沿。

(2) 用 74LS192 设计一个特殊的十二进制计数器,且无"0"数,如图 22.5 所示。其原理是当计数器计到 13 时,通过与非门产生一个复位信号(装载置数信号),使第二片 74LS192(十位)直接置为 0000,而第一片 74LS192 计时的个位直接置为 0001,从而实现 1~12 的计数。注意:将第一片 74LS192 的输出 Q_D、Q_C、Q_B、Q_A 接到数字电路实验箱上的七段显示译码器的输入端 D、C、B、A,按图 22.5 连接验证电路的正确性。

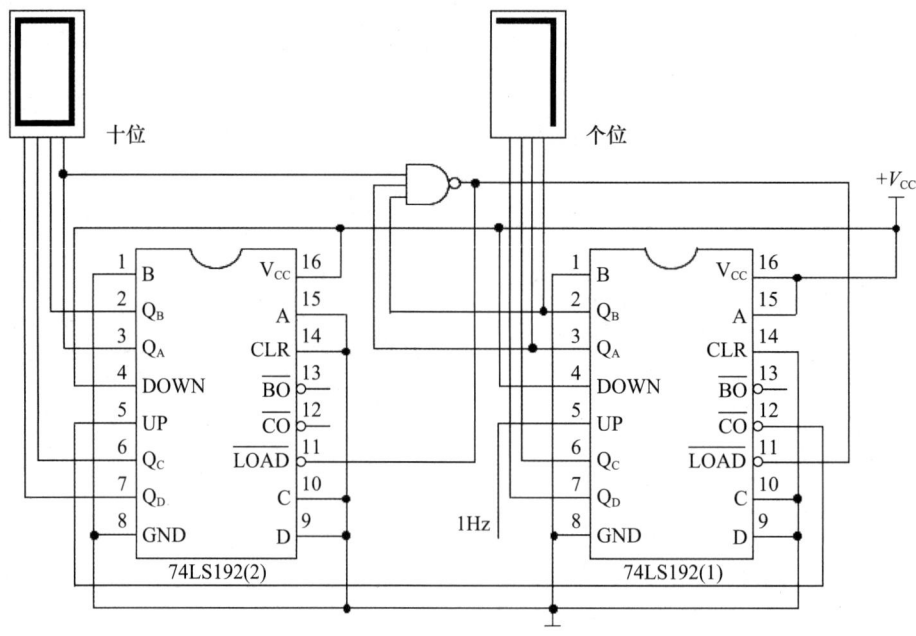

图 22.5 十二进制计数器

3. 实验内容及要求

(1) 写出设计电路原理和所选用的芯片型号,采用集成电路搭建电路,或用 Quartus II 软件设计电路,调试、检验电路是否满足设计要求,如不满足,重新调试,使其满足设计要求。

(2) 写出实验总结报告,并画出调试成功的设计电路。

实验 23 移位寄存器及其应用

一、实验目的
(1) 学习使用 D 触发器构成移位寄存器(环形计数器)。
(2) 了解中规模集成双向移位寄存器的逻辑功能及其使用方法。

二、实验原理
用 4 个 D 触发器组成 4 位移位寄存器,将每位即各 D 触发器的输出 Q_1、Q_2、Q_3、Q_4 分别接到 4 个 0-1 指示器(LED),并将最后一位输出 Q_4 反馈接到第一个 D 触发器的输入端,则构成一个简单的 4 位移位环形计数器。

移位寄存器具有移位功能,是指寄存器中所存的代码能够在时钟脉冲的作用下依次左移或右移。既能左移又能右移的寄存器称为双向移位寄存器,只需要改变左移、右移的控制信号,便可实现双向移位的要求。根据存取信息的方式不同,移位寄存器有串入串出、串入并出、并入串出、并入并出 4 种形式。

本实验选用的 4 位双向移位寄存器,型号为 74LS194 或 CD40194,两者功能相同;双 D 触发器选用 74LS74。74LS194 和 74LS74 的引脚排列如图 23.1 所示。

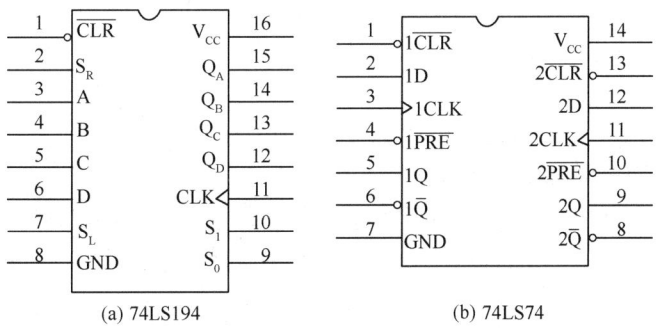

图 23.1 74LS194 和 74LS74 的引脚排列

图 23.1(a)中,A、B、C、D 为并行输入端,A 为高位,其他依次排列;Q_A、Q_B、Q_C、Q_D 为并行输出端;S_R 为右移串行输入端;S_L 为左移串行输入端;S_1、S_0 为操作模式控制端;$\overline{CLR}$ 为异步清零端,低电平有效;CLK 为 CP 脉冲输入端。74LS194 有 5 种工作状态:并行输入、右移($Q_A \to Q_D$)、左移($Q_D \to Q_A$)、保持和清零。74LS194 的功能表见表 23.1。

表 23.1 74LS194 的功能表

$\overline{CLR}$	CP	S_1	S_0	工 作 状 态
0	×	×	×	清零,$Q_A \sim Q_D = 0000$
1	×	0	0	保持
1	↑	0	1	$S_R = 0/1$,右移,S_R 为串行输入,$Q_A \to Q_D$
1	↑	1	0	$S_L = 0/1$,左移,S_L 为串行输入,$Q_D \to Q_A$
1	↑	1	1	Q_D 为串行输出,并行输入,$Q_A \sim Q_D = A \sim D$

三、实验仪器与器件
- 数字电路实验箱　　　1台
- 芯片：74LS74（双 D 触发器）、74LS194（4 位双向移位寄存器）

四、实验内容
1. 移位寄存器

用 74LS74 组成移位寄存器，使第一个输出端点亮 LED 并使其右移循环（在时钟控制下）。LED 点亮的顺序是 $FF_1 \rightarrow FF_2 \rightarrow FF_3 \rightarrow FF_4$ 的各输出端，即循环显示一个"1"。

实验要求：

（1）用两个 74LS74 按图 23.2 连接。

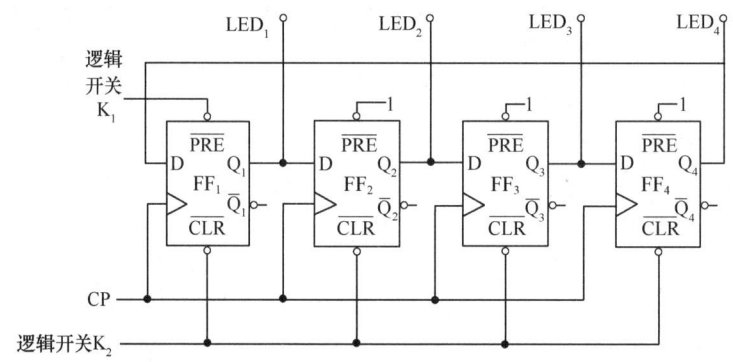

图 23.2　移位寄存器

（2）CP 时钟输入先不接到电路中（单步脉冲源或连续脉冲源）。

（3）电路连接完毕，检查无误后加+5V 电源。

（4）此时 4 个输出端的 LED 应该是不亮的，如果有亮的话，应按清零端的逻辑开关 K_2（给出一个低电平信号清零后，再将开关置于高电平），即将 4 个 D 触发器输出端的 LED 清零。

（5）将第一个 D 触发器通过预置端（$\overline{PRE}$）置"1"（操作时注意先将逻辑开关 K_1 置低电平，然后置于高电平），此时 LED_1 点亮，其他各 LED 不亮。

（6）加入 CP 脉冲（手动控制的单步脉冲源或 1Hz 连续脉冲源），此时应看到各输出端的 LED 点亮，顺序为 $LED_1 \rightarrow LED_2 \rightarrow LED_3 \rightarrow LED_4 \rightarrow LED_1$，即输出端显示移位循环一个高电平"1"。

2. 测试 74LS194 的逻辑功能

测试 74LS194 逻辑功能的电路图如图 23.3 所示。按图 23.3 和下面实验要求接线。

（1）$\overline{CLR}$、S_1、S_0、S_L、S_R、D、C、B、A 分别接到逻辑开关，Q_D、Q_C、Q_B、Q_A 接到 0-1 指示器，CP 脉冲接到单步脉冲源输出插口。

（2）然后按表 23.2 规定的输入状态逐项进行测试，并将测试结果记入表 23.2 中。

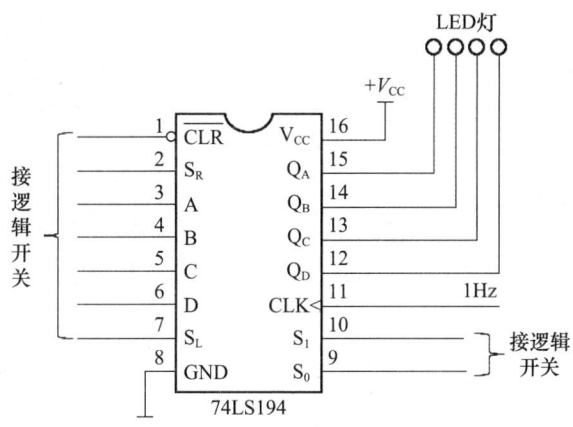

图 23.3 测试 74LS194 逻辑功能的电路图

表 23.2 测试 74LS194 的结果记录表

清零	模式		时钟	串行		输入				输出				功能
$\overline{CLR}$	S_1	S_0	CP	S_L	S_R	D	C	B	A	Q_D	Q_C	Q_B	Q_A	
0	×	×	×	×	×	×	×	×	×					
1	1	1	↑	×	0	D	C	B	A					
1	0	1	↑	0	0/1	×	×	×	×					
1	1	0	↑	1/0	0	×	×	×	×					
1	0	0	↑	×	×	×	×	×	×					

(3) 清零：令 $\overline{CLR}=0$，其他输入为任意态，此时输出 Q_D、Q_C、Q_B、Q_A 应均为 0，然后使 $\overline{CLR}=1$，即 74LS194 为异步复位且响应 $\overline{CLR}$ 的低电平。

(4) 并行输入：令 $\overline{CLR}=S_1=S_0=1$，输入任意 4 位二进制数，如 ABCD，加上 CP 脉冲，观察 74LS194 输出状态的变化是否发生在 CP 脉冲的上升沿，输出是否为 $Q_A=A$，$Q_B=B$，$Q_C=C$，$Q_D=D$，即 74LS194 进行并行装载的功能。

(5) 右移：清零后，令 $\overline{CLR}=1$，$S_1=0$，$S_0=1$，由右移串行输入端 S_R 送入二进制数 0100，在 CP 脉冲上升沿的作用下观察输出情况，是否将输入信号进行右移，流向是 $S_R→Q_A→Q_B→Q_C→Q_D$。若不是，检查并改正为右移传输信号。

(6) 左移：先清零，再令 $\overline{CLR}=1$，$S_1=1$，$S_0=0$，由左移串行输入端 S_L 送入二进制数 1011，送一个数加一次脉冲，在 CP 脉冲上升沿的作用下观察输出情况，是否将输入信号进行左移，流向是 $S_L→Q_D→Q_C→Q_B→Q_A$。若不是，检查并改正为左移传输信号。

(7) 保持：在输入端 A、B、C、D 预置任意 4 位二进制数 ABCD，令 $\overline{CLR}=1$，$S_1=S_0=0$，加一个 CP 脉冲，观察输出 Q_D、Q_C、Q_B、Q_A 是 ABCD 还是保持原来状态不变。此时不论有无 CP 脉冲到来，输出应保持不变，即寄存器执行保持功能。

五、预习要求

(1) 复习有关移位寄存器的内容。
(2) 熟悉 74LS194、74LS74 的逻辑功能及引脚排列。

六、实验报告

(1) 画出实验内容 1 的电路,若要使输出同时循环两个"1",即"11"时,应如何实现?

(2) 分析实验结果,总结双向移位寄存器 74LS194 的逻辑功能并写入表 23.2 中的"功能"栏。

(3) 思考题:使移位寄存器清零,除采用$\overline{\text{CLR}}$端输入低电平外,可否采用右移或左移的方法?可否使用并行输入法?若可行,应如何进行操作?画出实现操作的电路图。

七、设计性实验

1. 实验目的

通过实验,进一步学习 74LS194 的性能和简单的设计方法,熟练掌握电路调试方法。

2. 设计题目

用两片 74LS194 接成 8 位双向移位寄存器。

3. 实验内容及要求

(1) 写出设计电路原理。调试、检验电路是否能够双向传输数据,如不能,重新调试,使其满足设计要求。

(2) 写出实验总结报告,并画出调试成功的设计电路。

实验 24 数字时钟设计

一、实验目的

(1) 了解数字时钟的基本组成及工作原理。
(2) 掌握分频器的原理和设计方法。
(3) 掌握利用集成电路设计与调试数字时钟的方法。

二、实验原理

应用计数器设计一个具有计时和校时功能的数字时钟,该数字时钟具有时(1 位)、分(2 位)、秒(2 位)计数功能,最大计时 9 小时 59 分 59 秒。

该数字时钟的最小计时单位为 s,因此计数时钟频率为 1Hz。对于系统输入时钟高于 1Hz 的场合,就需要由分频电路产生 1Hz 的分频,作为数字时钟的输入脉冲。该数字时钟由 5 个计数器级联形成,分别输出 5 个 BCD 码,接七段 LED 数码管,分别显示时(1 位)、分(2 位)、秒(2 位)。采用按键可以切换计时、小时校正、分钟校正模式,并且采用按键调整时或分的数值。

1. 数字时钟

计数器级联有两种方法:并行进位和串行进位,其电路接线图如图 24.1 所示,其中 $Q_3 Q_2 Q_1 Q_0$ 对应图 24.5 中计数器的 $Q_D Q_C Q_B Q_A$。

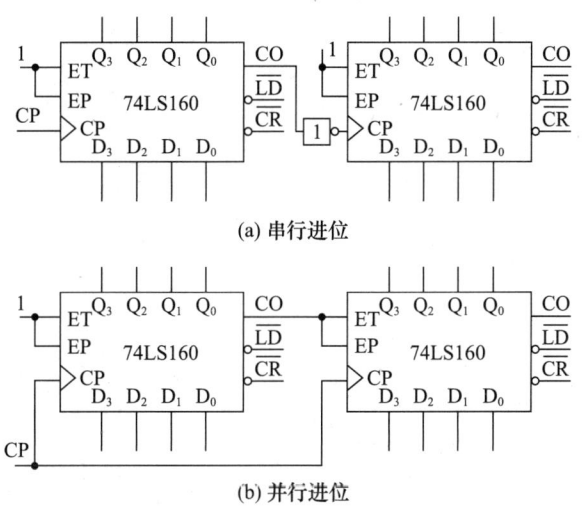

(a) 串行进位

(b) 并行进位

图 24.1 计数器级联接法

该数字时钟由 5 个计数器级联,分别用于计数时、分和秒,其中时、分和秒的个位为十进制数,逢十进一,分和秒的十位为六进制数,逢六进一,因此采用计数器 74LS160,74LS160 的功能表见表 24.1。当 $\overline{CR}=0$,异步置零;当 $\overline{CR}=1$, $\overline{LD}=0$ 时同步置数;当 $\overline{CR}=1$, $\overline{LD}=1$,且计数使能端 ET=EP=1,加法计数,当计数使能端 ET 和 EP 任意一个为 0 时,则 74LS160 状态保持,停止计数;如果 EP=0,则停止计数的同时清除进位标志。

表 24.1 74LS160 的功能表

$\overline{CR}$	$\overline{LD}$	ET	EP	CP	D_3	D_2	D_1	D_0	Q_3	Q_2	Q_1	Q_0	CO
0	×	×	×	×	×	×	×	×	0	0	0	0	0
1	0	×	×	↑	d_3	d_2	d_1	d_0	d_3	d_2	d_1	d_0	Q_3Q_0
1	1	1	1	↑	×	×	×	×	加法计数			Q_3Q_0
1	1	0	×	×	×	×	×	×	保持			Q_3Q_0
1	1	×	0	×	×	×	×	×	保持			0

考虑到分和秒的十位是逢六进一,必须有 0~5 的数字,因此只能采用 0000→0001→0010→0011→0100→0101 的计数状态,归零表达式为 $\overline{LD}=Q_2Q_0$,$D_3D_2D_1D_0=0000$。

将分、秒的计数器设置为十进制,将十分、十秒计数器设置为六进制。每个计数器输出接显示译码器的数据输入端,显示译码器的输出端接七段 LED 数码管,数码管的显示范围为 0:00:00~9:59:59。多个计数器采用串行进位法,如图 24.2 所示,分别采用计数器 74LS160(1)~74LS160(5)从秒到时进行计数,1Hz 时钟从 74LS160(1) 的 CP 端输入,Start 引脚控制数字时钟的开始和停止。其中十分和十秒计数器为六进制,因此时计数器 74LS160(5) 和分计数器 74LS160(3) 的时钟 CP 端接十分计数器 74LS160(4) 和十秒计数器 74LS160(2) 的 $\overline{LD}$ 端。分和秒为十进制计数器,因此分计数器 74LS160(3) 和秒计数器 74LS160(1) 的进位输出 CO 取反后接上级计数器的时钟输入端 CP。

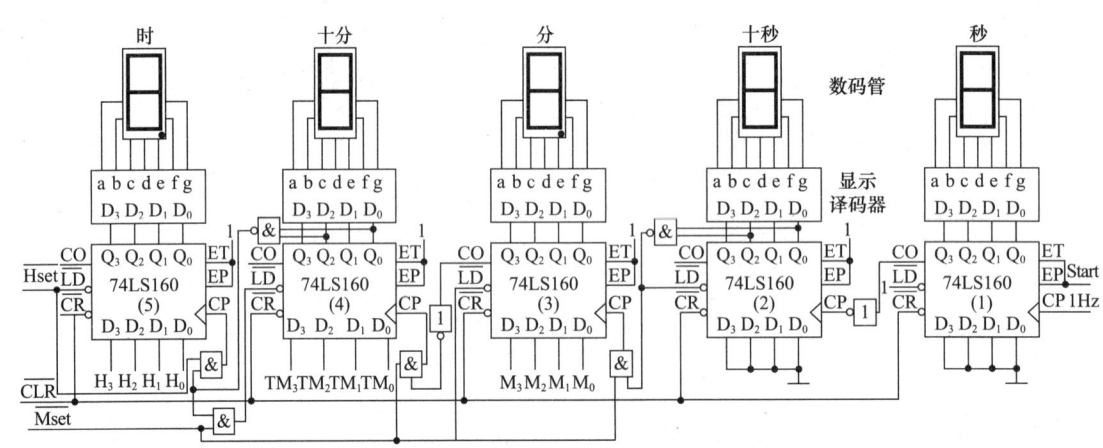

图 24.2 数字时钟电路图

校时功能要求数字时钟可以对时、分进行校正,即可以通过直接置数法重新设置时、十分、分的初始值。其中,$\overline{Hset}$ 引脚接时计数器 74LS160(5) 的 $\overline{LD}$ 端,用于时校准。因为 74LS160 的 $\overline{LD}$ 端为同步置数端,考虑到计数器只有计数到 1 小时才会有 CP 输入,进而 $\overline{Hset}$ 引脚需要等待很长时间才能完成置数功能,因此将 $\overline{Hset}$ 引脚通过与门和时钟输入端同时接入 CP 端,可实现快速校时。$\overline{Mset}$ 引脚用于分校准,为了完成快速校准,引入与门接入 CP 端,与时校准类似。$\overline{CLR}$ 引脚接 74LS160 的 $\overline{CR}$ 端,实现异步清零功能,将 74LS160 立即归零,从 0 开始计数。

电路连接:1Hz 接分频器的输出(或是 1Hz 连续脉冲),Start、$\overline{Hset}$、$\overline{Mset}$、$\overline{CLR}$ 接逻辑开关,$H_3H_2H_1H_0$、$TM_3TM_2TM_1TM_0$、$M_3M_2M_1M_0$ 接逻辑开关。

该数字时钟的功能表见表 24.2。

表 24.2 数字时钟的功能表

1Hz	$\overline{\text{CLR}}$	$\overline{\text{Hset}}$	$\overline{\text{Mset}}$	Start	$H_3 \sim H_0$	$TM_3 \sim TM_0$	$M_3 \sim M_0$	显示译码器输出				
								时	十分	分	十秒	秒
×	0	×	×	×	×	×	×	0	0	0	0	0
×	1	↑	1	0	$H_3 \sim H_0$	0000	0000	$H_3 \sim H_0$	保持	保持	保持	保持
×	1	1	↑	0	×	$TM_3 \sim TM_0$	$M_3 \sim M_0$	保持	$TM_3 \sim TM_0$	$M_3 \sim M_0$	保持	保持
↑	1	1	1	1	0000	0000	0000	数字时钟计数				
↑	1	1	1	0	×	×	×	保持				

清零功能。$\overline{\text{CLR}}$设为低电平,则数字时钟清零,显示译码器显示为 0:00:00。

时校正。$\overline{\text{CLR}}$设为高电平,Start 设为低电平,暂停计数,$\overline{\text{Mset}}$设为高电平,将需要设置的时数据通过 $H_3 H_2 H_1 H_0$ 设置好,然后将$\overline{\text{Hset}}$先拨到低电平,再拨到高电平(产生一个脉冲上升沿),完成时校正。

分校正。$\overline{\text{CLR}}$设为高电平,Start 设为低电平,暂停计数,$\overline{\text{Hset}}$为高电平,将需要设置的分数据通过 $TM_3 TM_2 TM_1 TM_0$、$M_3 M_2 M_1 M_0$ 设置好,然后将$\overline{\text{Mset}}$先拨到低电平,再拨到高电平,完成分校正。

计数。$\overline{\text{CLR}}$、$\overline{\text{Hset}}$、$\overline{\text{Mset}}$均设为高电平,$H_3 H_2 H_1 H_0$、$TM_3 TM_2 TM_1 TM_0$、$M_3 M_2 M_1 M_0$ 全部设为低电平,然后将 Start 设为高电平,启动计数。

保持。Start 设为低电平,数字时钟停止计数,保持。

注意:设置时校正、分校正后,启动计数前,需要将 $H_3 H_2 H_1 H_0$、$TM_3 TM_2 TM_1 TM_0$、$M_3 M_2 M_1 M_0$ 全部重新设置为低电平,否则数字时钟不能正常计数。

2. 分频器

当系统频率远高于数字时钟的频率时,则需要分频器将系统频率分频到数字时钟所需的频率。分频器是指使输出信号频率为输入信号频率 N(整数)分之一的电子电路。分频器的作用是在输入频率固定的条件下,满足电路系统对不同更低频率的需求。如图 24.3 所示,输入信号频率为 f,分别可以得到 2 分频、4 分频和 8 分频。

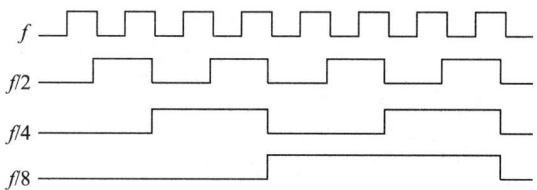

图 24.3 分频电路波形图

分频器是一个典型的时序逻辑电路,当 N 不大时,可由时序逻辑电路设计得到。一个 N 分频电路,其实质是一个 N 进制计数器,可通过多位触发器电路设计,或直接用计数器进行设计。

当 N 为偶数时,从 0 开始加法计数,输出 Y 为 0,当计数到 $N/2$ 时,输出 Y=1,计数到 N 时,输出 Y=0,N 分频的输出波形占空比为 50%。

当 N 为奇数时,则从 0 开始加法计数,输出 Y 为 0,当计数到 $(N+1)/2$ 时,输出 Y=1,计数到 N 时,输出 Y=0,N 分频的输出波形占空比略大于 50%。

可通过时序逻辑电路结合组合逻辑电路设计得到,以 N=7 为例,可由计数器 74LS163 设计得到,如图 24.4 所示,计数器输出 $Q_DQ_CQ_BQ_A$(Q_D 为高位)的状态从 0000→0001→0010→0011→0100→0101→0110→0000。从 Q_C 输出 Y,即可得到 7 分频时钟。

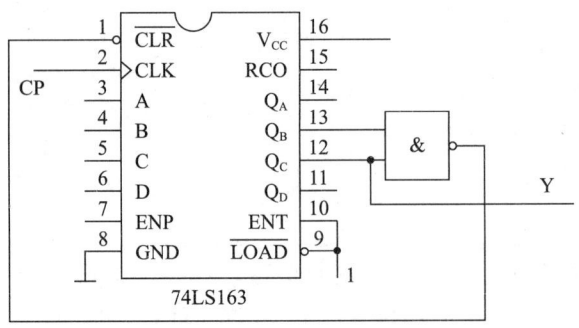

图 24.4　计数器 74LS163 实现 7 分频电路

当分频比非常高时,比如从系统 $f_i=50\mathrm{MHz}$ 时钟分频到 $f_o=1\mathrm{Hz}$,即 $N=50000000$ 分频,则此时用触发器或计数器都难以实现,可以利用 FPGA 软件计数的方式实现。实现的方法:对输入时钟 f_i 进行计数,计数到 $N/2$ 时,输出 f_o 电平翻转,可通过 VHDL 或 Verilog 语言进行设计。Verilog 参考程序如下,本例程中输入时钟为 50MHz,输出时钟为 1Hz。

```
module fre_division(                        //定义分频器模块名称 fre_division
    input              sys_clk,             //定义系统时钟输入引脚
    input              rstn,                //定义复位输入引脚
    output      reg    clk_o                //定义分频输出引脚
);
reg [31:0]  cnt;                            //定义计数寄存器
localparam HALF_CYCLE = 25000000;           //输出半周期计数值
always@ (posedge sys_clk or negedge rstn)begin  //时钟上升沿或复位下降沿触发
    if(~ rstn)begin                         //初始化,计时复位,输出复位
        cnt<= 0;
        clk_o<= 0;
        end
    else if (cnt = = HALF_CYCLE)begin       //计时到,输出翻转,计数清零
        clk_o<= ~ clk_o;
        cnt<= 0;
        end
    else
        cnt<= cnt+1;                        //计数+1
end
endmodule
```

因为本实验中数字时钟实现的最大计数时间为 9 小时 59 分 59 秒,时间太长,所以为了便于观察,时计数脉冲 1Hz 可采用 100Hz 替代,则实际计数时长将大为减小。

三、实验仪器与器件

- 数字电路实验箱　　　1 台
- 芯片：74LS160（十进制加法计数器）×5、74LS00（2 输入与非门）、74LS08（2 输入与门）、74LS04（非门）

各芯片的引脚排列如图 24.5 所示。

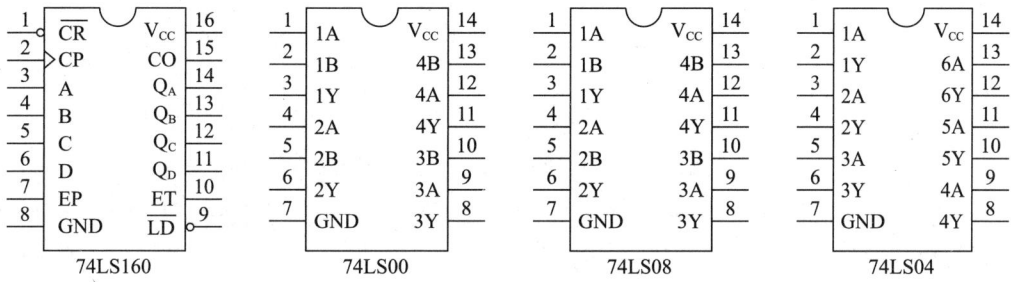

图 24.5　各芯片的引脚排列

四、实验内容

1. 用 74LS160 设计数字时钟

采用 5 个 74LS160 和其他门电路进行设计，电路连接如图 24.2 所示，5 个 74LS160 的输出 $Q_3Q_2Q_1Q_0$ 分别接数字电路实验箱上的 5 个显示译码器数字输入端，由连续脉冲产生 1Hz 信号（由于时计时等待时间太长，可以由信号发生器产生 100Hz 作为输入，以方便观察），用于电路的时钟输入，$H_3H_2H_1H_0$、$TM_3TM_2TM_1TM_0$、$M_3M_2M_1M_0$ 全部接逻辑开关，并设置为低电平，观察显示译码器的输出。

2. 数字时钟校准

要求将数字时钟校准到 1:25:00，并从此刻开始计时，设计电路参数，并记录实验结果，填入表格 24.3。

表 24.3　数字时钟实验记录

$\overline{CLR}$	Start	$\overline{Hset}$	$\overline{Mset}$	$H_3H_2H_1H_0$	$TM_3TM_2TM_1TM_0$	$M_3M_2M_1M_0$	秒	十秒	分	十分	时
0	×	×	×								
1	0	0	1								
1	0	1	0								
1	0	1	1								
1	1	1	1								

五、预习要求

(1) 复习有关计数器的内容。
(2) 预习数字时钟实验电路的工作原理，拟订实验方案。

六、实验报告

(1) 整理数字时钟的原理、设计方案、数字时钟的电路，总结实验结果。

(2) 写出实验体会和实验中遇到的问题及解决方案。

七、设计性实验

1. 实验目的

通过实验,进一步体会用计数器设计数字时钟的方法,掌握数字时钟的调试方法及应用。

2. 设计题目

利用双向可逆计数器 74LS190 设计一个可正向计数、反向倒计时的数字秒表,要求正向计数和反向倒计时可选择,计数初值可设置,如从 0:20:00 开始计时,最大计数 9:59:59;从 2:59:00 开始倒计时,一直到 0:00:00。

3. 实验内容及要求

(1) 写出设计报告,包括设计原理、设计电路及选择的电路元器件参数。

(2) 组装和调试设计电路,检验电路是否满足设计要求并动手演示。如不满足,修改设计,直到满足设计要求。

(3) 写出实验总结报告,并画出调试成功的设计电路。

实验 25　序列信号检测器的设计

一、实验目的
(1) 掌握时序逻辑电路的设计方法。
(2) 熟悉序列信号检测器的工作原理和调试方法。

二、实验原理
序列信号检测器是指输入一个串行二进制序列,检测序列中是否包含特定序列,并记录出现该序列的次数。例如,输入序列为"11011100",要求检测输入序列中是否包含"111"序列,并记录出现该序列的次数。

序列信号检测器的设计原理如下。首先进行逻辑抽象,定义变量:X,代表输入的序列信号,0 表示输入低电平,1 表示输入高电平;状态 S0,代表输入序列中没有 1;状态 S1,代表输入序列中包含 1 个 1,即"1";状态 S2,代表输入序列中包含 2 个 1,即"11";状态 S3,代表输入序列中包含 3 个 1,即"111"。当输入序列中连续出现超过 3 个 1 时,则在找到 1 个"111"序列后,重新开始计数查找。Y 代表输出,0 表示没有找到特定序列,1 表示找到特定序列。由此,可以画出如图 25.1(a)所示状态图。

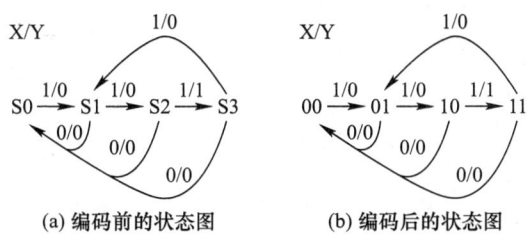

(a) 编码前的状态图　　　　(b) 编码后的状态图

图 25.1　序列信号检测器的状态图

从状态图可知,共有 4 个状态,因此只需 2 个触发器即可。选择上升沿触发的 JK 触发器 CD4027,进行状态分配:S0,00;S1,01;S2,10;S3,11。得到编码后的状态图,如图 25.1(b)所示。画出卡诺图,如图 25.2 所示。

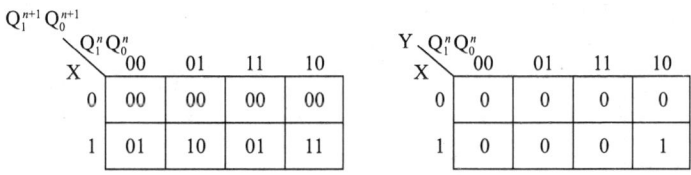

图 25.2　序列信号检测器的卡诺图

写出状态方程为

$$Q_1^{n+1} = \overline{Q_1^n} Q_0^n X + Q_1^n \overline{Q_0^n} X, \quad Q_0^{n+1} = \overline{Q_1^n} X + \overline{Q_0^n} X, \quad Y = Q_1^n \overline{Q_0^n} X$$

写出驱动方程为

$$\begin{cases} J_1 = Q_0^n X & J_0 = X \\ K_1 = \overline{Q_0^n} X & K_0 = \overline{Q_1^n} X \end{cases}$$

则序列信号检测器的逻辑电路设计结果如图 25.3 所示。

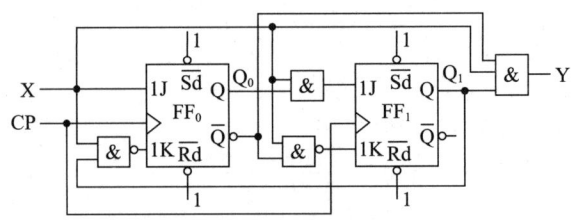

图 25.3 序列信号检测器的逻辑电路

序列计数要求记录出现特定序列"111"的次数,也即记录图 25.3 中 Y 出现高电平的次数,因此需要一个计数器对 Y 进行计数,Y 用作计数器的时钟输入端,电路如图 25.4 所示。其中$\overline{CLR}$用于计数次数清零;ST 用于启动序列信号检测,当 ST＝0 时,$Q_1 Q_0$＝00,当 ST＝1 时,序列信号检测电路启动。

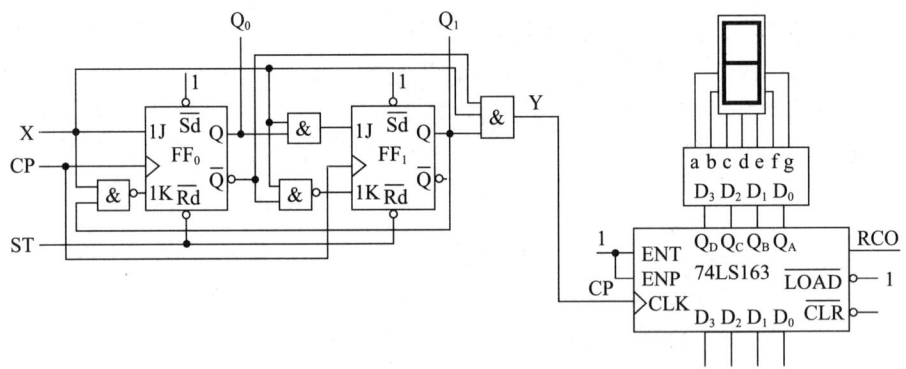

图 25.4 序列信号检测器特定序列出现次数显示电路

三、实验仪器与器件

● 数字电路实验箱 1台(带显示译码器)

● 芯片:CD4027(双 JK 触发器)、74LS163(计数器)、74LS00(2 输入与非门)、74LS08(2 输入与门)、74LS11(3 输入与门)

各芯片的引脚排列如图 25.5 所示。

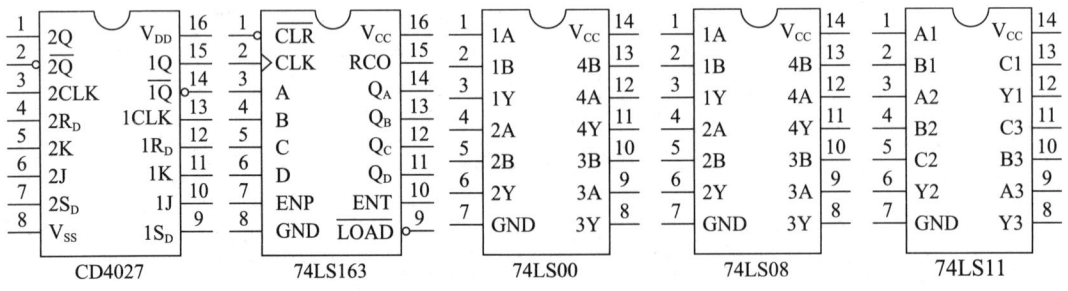

图 25.5 各芯片的引脚排列

四、实验内容

参照实验原理,设计一个序列信号检测器,检测输入序列信号中"111"出现的次数,输入信号 X 接逻辑开关,序列信号输入控制时钟 CP 接 1Hz 连续脉冲,ST 和 $\overline{\text{CLR}}$ 接逻辑开关,Q_1、Q_0 接指示灯,计数器的输出 $Q_DQ_CQ_BQ_A$ 接显示译码器的输入端,通过逻辑开关在每个 CP 周期内输入一位序列信号,ST 接高电平,启动序列信号检测,$\overline{\text{CLR}}$ 用于清除计数,从 0 开始。实验结果记入表 25.1。

表 25.1 序列信号检测器的实验记录表

ST	$\overline{\text{CLR}}$	X	CP	Q_1	Q_0	数码管显示
0	×	×	×			
1	1	1	↑			
1	1	0	↑			
1	1	0	↑			
1	1	1	↑			
1	1	1	↑			
1	1	1	↑			
1	1	0	↑			
1	1	1	↑			
1	1	1	↑			
1	1	1	↑			
1	0	1	↑			

五、预习要求

(1) 复习有关时序逻辑电路的内容。
(2) 预习序列信号检测器的工作原理,拟订实验方案。

六、实验报告

(1) 整理序列信号检测器的原理、设计方案和设计电路,总结实验结果。
(2) 写出实验体会和实验中遇到的问题及解决方案。

七、设计性实验

1. 实验目的

通过实验,进一步学习时序逻辑电路的应用,以及时序逻辑电路结合组合逻辑电路的应用和设计。

2. 设计题目

应用计数器 74LS163 和数据选择器 74LS151 设计一个序列信号产生器。要求产生信号为"1101101",具有启动暂停控制,通过两个指示灯显示结果,第一个指示灯用于时钟节拍指示,第二个指示灯用于序列信号指示。

3. 实验内容及要求

(1) 写出设计报告,包括设计原理、设计电路及选择的电路元器件参数。

(2) 组装和调试设计电路,检验电路是否满足设计要求并动手演示。如不满足,修改设计,直到满足设计要求。

(3) 写出实验总结报告,并画出调试成功的设计电路。

实验 26 单稳态电路和施密特电路

一、实验目的
(1) 熟悉 555 定时器的电路结构、工作原理及其特点。
(2) 555 定时器的基本应用。

二、实验原理

555 定时器是一种数字、模拟混合型的中规模集成电路,是一种产生延时和多种脉冲信号的电路,其应用十分广泛。由于内部参考电压使用了 3 个 5kΩ 电阻,故取名为 555 定时器。555 定时器的电路类型有双极型和 CMOS 型两大类,二者的结构与工作原理类似。几乎所有的双极型产品型号的最后 3 位数码都是 555 或 556,所有的 CMOS 产品型号的最后 4 位数码都是 7555 或 7556,二者的逻辑功能和引脚排列完全相同,易于互换。555 和 7555 是单定时器,556 和 7556 是双定时器。双极型产品的电源电压范围为+5～+15V,输出的最大负载电流可达 200mA;CMOS 型产品的电源电压范围为+3～+18V,但输出最大负载电流在 4mA 以下。

555 定时器的内部电路结构及外部引脚排列如图 26.1 所示。

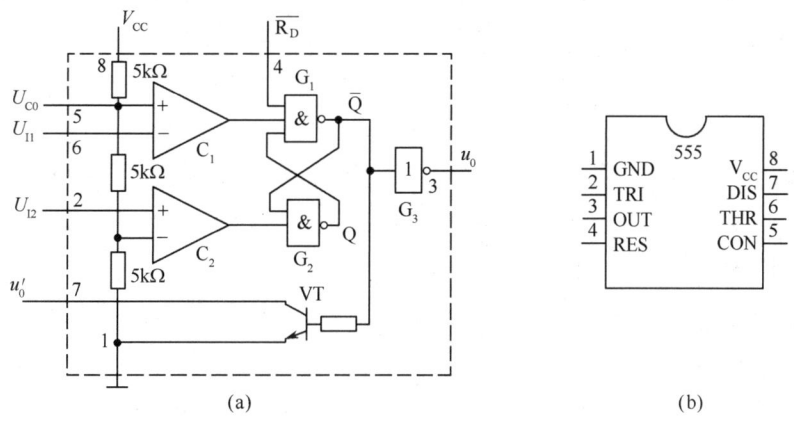

图 26.1 555 定时器的内部电路结构及外部引脚排列

图 26.1(a) 与图 26.1(b) 引脚功能关系为:1,接地(GND);2,触发端(U_{I2}=TRI);3,输出端(u_0 — OUT);4,复位端($\overline{R_D}$=RES);5,控制电压端(U_{C0}=CON);6,阈值端(U_{I1}=THR);7,放电端(u_0'=DIS);8,电源端(V_{CC})。

555 定时器的内部电路由 3 部分组成:最左侧由 3 个 5kΩ 电阻组成的分压电路和比较器 C_1、C_2 构成第一部分,与非门 G_1 和 G_2 构成的 RS 基本触发器为第二部分,比较器 C_1、C_2 的输出作为 RS 基本触发器的输入,集电极开路输出的放电晶体管 VT 和 G_3 构成第三部分(输出电路)。

555 定时器主要是与电阻、电容构成充、放电电路,并由两个比较器来检测电容上的电压,以确定输出电平的高、低和放电晶体管的通、断。这就很方便构成从微秒到数分钟的延时电路,从而构成单稳态触发器(单稳态电路)、多谐振荡器、施密特触发器(施密特电路)等脉冲产生或波形变换电路。

三、实验仪器与器件
- 示波器　　　　　　　1台
- 数字电路实验箱　　　1台
- 信号发生器　　　　　1台
- 电阻、电容　　　　　若干
- 芯片:NE555

四、实验内容
1. 用555定时器设计单稳态触发器

单稳态触发器具有稳态和暂稳态两个不同的工作状态。在外界触发脉冲作用下,它能从稳态翻转到暂稳态,在暂稳态维持一段时间之后,再自动返回稳态;暂稳态维持时间的长短取决于电路本身的参数,与触发脉冲的宽度和幅度无关。由于单稳态触发器具有这些特点,常用来产生具有固定宽度的脉冲信号。

按电路结构的不同,单稳态触发器可分为微分型和积分型两种,微分型单稳态触发器适用于窄脉冲触发,积分型单稳态触发器适用于宽脉冲触发。无论是哪种电路结构,其单稳态的产生都源于电容的充、放电原理。

用555定时器构成的单稳态触发器是负脉冲触发的单稳态触发器,且暂稳态维持时间为 $t_w = \ln RC = 1.1RC$,即仅与电路本身的参数 R、C 有关。

(1) 按如图26.2所示连接就构成单稳态触发器,取 $R_1=30\text{k}\Omega$, $R=8\text{k}\Omega$, $C=0.1\mu\text{F}$, $C_1=C_2=0.01\mu\text{F}$。输入信号 u_i 加1kHz的连续脉冲,用示波器观察输入 u_i、输出 u_o 的波形,测定输出波形幅度、频率与暂稳态时间 t_w 及占空比 q,记入表26.1中。

(2) 将 R 改变为5kΩ,输入端加1kHz的连续脉冲,用示波器观察输入 u_i、输出 u_o 的波形,测定幅度、频率及暂稳态时间 t_w 及占空比 q,记入表26.1中。

表26.1　单稳态触发器实验记录

参数	$R=8\text{k}\Omega$	$R=5\text{k}\Omega$
	$C=0.1\mu\text{F}$	$C=0.1\mu\text{F}$
输入波形		
输出波形		
t_w		
输出频率		
q		

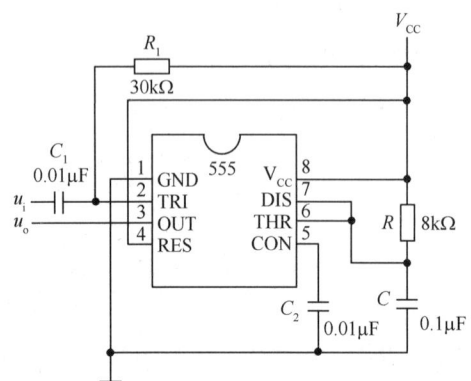

图26.2　单稳态触发器

如图 26.3 所示为是单稳态触发器的仿真图。

2. 用 555 定时器设计的施密特触发器

施密特触发器输出状态的转换取决于输入信号的变化过程,即输入信号从低电平上升的过程中,电路状态转换时对应的输入电压 V_{T+} 与输入信号从高电平下降过程中对应的输入转换电压 V_{T-} 不同,其中 V_{T+} 称为正向阈值电压,V_{T-} 称为负向阈值电压。另外,由于施密特触发器内部存在正反馈,所以输出电压波形的边沿很陡。

用 555 定时器构成的施密特触发器为反向传输的施密特触发器,正向阈值电压和负向阈值电压分别为

$$V_{T+} = 2/3\ V_{CC}$$

$$V_{T-} = 1/3 V_{CC}$$

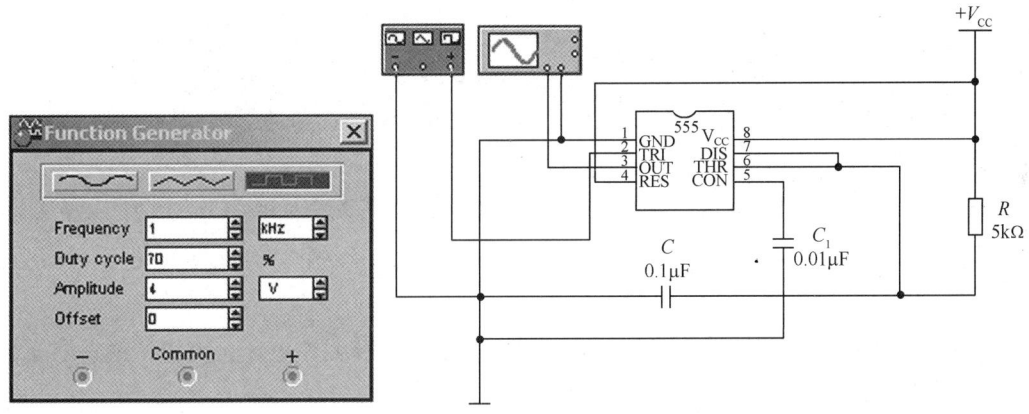

(a) 单稳态触发器仿真电路

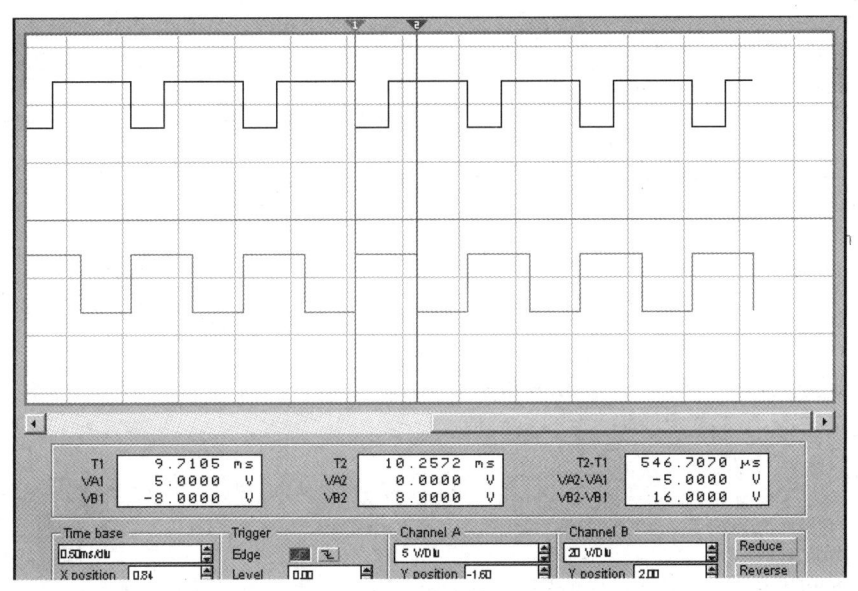

(b) $R=5\text{k}\Omega$ 时的 $t_W=546.707\mu\text{s}$

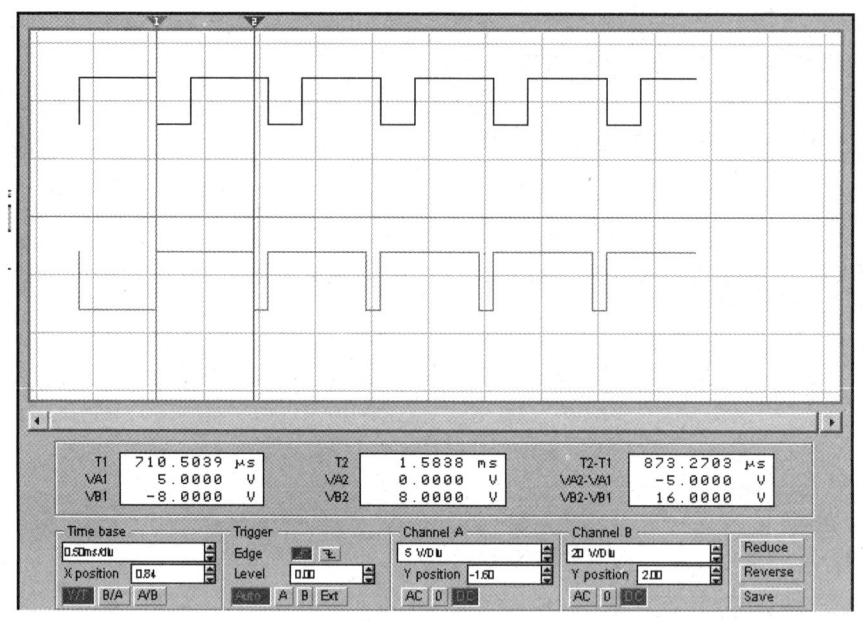

(c) $R=8\text{k}\Omega$ 时的 $t_W=873.2703\mu\text{s}$

图 26.3　单稳态触发器仿真电路及仿真结果

(1) 施密特触发器电路如图 26.4 所示，输入信号接电路输入端 u_i，由信号发生器提供，分别为正弦波、三角波，频率为 1kHz。

(2) 用示波器接电路输出端 u_o，观察输出波形并记录，计算回差电压。施密特触发器原始记录记入表 26.2 中。

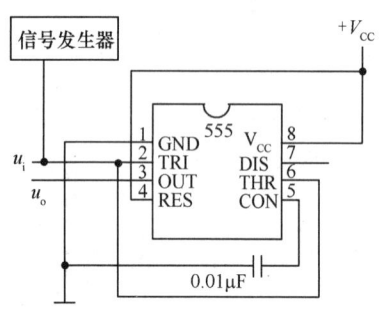

图 26.4　施密特触发器

表 26.2　施密特触发器原始记录

输入波形	输入正弦波	输入三角波	输出波形
V_{T+}			
V_{T-}			
ΔV_T			

五、预习要求

(1) 复习有关 555 定时器的工作原理和应用。
(2) 拟订实验中所需的数据、波形及表格。
(3) 预习各项实验的步骤和方法。

六、实验报告

(1) 认真画出实验电路图，仔细填写各表格的内容。
(2) 分析、总结实验结果。
(3) 简述实验体会。

七、设计性实验

1. 实验目的

通过实验,进一步学习时序逻辑电路的简单设计方法,熟练掌握电路的调试方法。

2. 设计题目

设计一个具有数字显示的洗衣机控制电路。

洗衣机在洗涤的过程中,洗涤电动机按一定规律正转→停→反转→停→正转……直到洗涤定时时间到,便自动停止工作。

本洗衣机控制电路仅对洗衣过程中的洗涤程序进行控制,其他如脱水等过程不做要求。

(1) 洗涤时间:1~20min 任意设置,采用两位数码显示器,动态显示洗涤剩余时间。

(2) 洗涤电动机的运转规律为:正转 20s→停 10s→反转 20s→停 10s→正转 20s……

(3) 用 3 只发光二极管表示洗涤电动机的运转规律。

(4) 设定的洗涤时间一到,整个控制电路应停止工作。

3. 实验内容及要求

(1) 写出设计电路原理,调试、检验电路是否满足设计要求,如不满足,重新调试,使其满足设计要求。

(2) 写出实验总结报告,并画出调试成功的设计电路。

实验27 多谐振荡器设计

一、实验目的
(1) 掌握555定时器的基本工作原理。
(2) 熟悉基于555定时器的多谐振荡器设计和调试方法。

二、实验原理
555定时器的基本原理见实验26。比较器C_2的反相比较端电压为$V_{CC}/3$,比较器C_1的同相比较端电压为$2V_{CC}/3$。当控制电压端CON外接直流电压E时,则比较器C_1的同相比较端电压为E,比较器C_2的反相比较端电压为$E/2$。555定时器的功能表见表27.1。

表27.1 555定时器的功能表

$\overline{R_D}$	u_6(THR)	u_2(TRI)	u_0	VT
0	×	×	低电平	导通
1	$<\frac{2}{3}V_{CC}$	$<\frac{1}{3}V_{CC}$	高电平	截止
1	$>\frac{2}{3}V_{CC}$	$>\frac{1}{3}V_{CC}$	低电平	导通
1	$<\frac{2}{3}V_{CC}$	$>\frac{1}{3}V_{CC}$	不变	不变

555定时器构成的多谐振荡器如图27.1所示。其中2脚和6脚并接在一起连电容C的一个引脚,电容C的另一个引脚接地。V_{CC}经R_1、R_2对C进行充电,构成充电回路,2脚和6脚的电压增加,当电压大于$2V_{CC}/3$时,输出u_0为低电平,放电晶体管VT导通,电容C经R_2进7脚的放电晶体管VT构成放电回路,2脚和6脚的电压减小。当电压小于$V_{CC}/3$时,输出u_0为高电平,放电晶体管VT截止,V_{CC}再次经R_1、R_2对C进行充电,如此循环,u_0输出连续的方波,波形如图27.2所示。

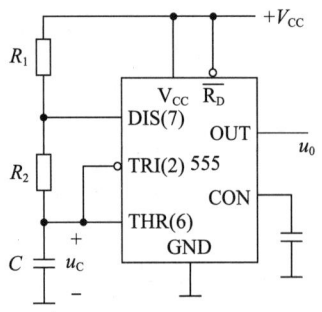

图27.1 555构成的多谐振荡器

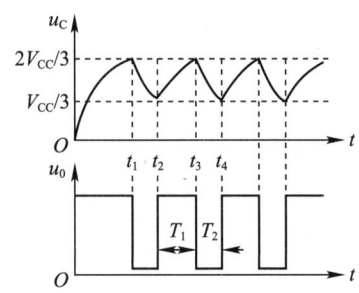

图27.2 u_0的输出波形

振荡频率f计算。u_0输出方波的周期$T=T_1+T_2$,其中T_1为电容充电时间,T_2为电容放电时间。

$$T_1 = (R_1+R_2)C\ln\frac{U_\infty-U_{0+}}{U_\infty-U_{TH}} = (R_1+R_2)C\ln\frac{V_{CC}-V_{CC}/3}{V_{CC}-2V_{CC}/3} = (R_1+R_2)C\ln 2 \approx 0.7(R_1+R_2)C$$

$$T_2 = R_2C\ln\frac{U_\infty-U_{0+}}{U_\infty-U_{TH}} = R_2C\ln\frac{0-2V_{CC}/3}{0-V_{CC}/3} = R_2C\ln 2 \approx 0.7R_2C$$

$$T = T_1+T_2 = 0.7(R_1+2R_2)C$$

$$f = \frac{1}{T}$$

反之,根据振荡频率 f,可以设计 R_1、R_2 和 C。

三、实验仪器与器件

- 示波器　　　　　　　　1 台
- 数字电路实验箱　　　　1 台
- 电阻、电容　　　　　　若干
- 芯片:NE555

四、实验内容

555 定时器设计多谐振荡器。根据图 27.1 所示,设计一个频率为 1kHz、占空比分别为 60% 和 70% 的方波,设计实验参数(见表 27.2),实验结果记入表 27.3 中。

表 27.2　多谐振荡器电路参数设计

参数	占空比 60%	占空比 70%
R_1		
R_2		
C		

表 27.3　多谐振荡器实验测试记录

实际测试结果	占空比 60%	占空比 70%
输出波形		
输出频率 f		
T_1		
T_2		

五、预习要求

(1) 复习有关 555 定时器的内容。
(2) 预习 555 定时器的应用工作原理,拟订实验方案。

六、实验报告

(1) 整理 555 定时器组成多谐振荡器的原理、设计方案和设计电路,总结实验结果。
(2) 写出实验体会和实验中遇到的问题及解决方案。

七、设计性实验

1. 实验目的

通过实验,进一步学习用555定时器进行电路设计的方法,掌握电路的调试方法及应用。

2. 设计题目

应用两个555芯片设计一个双音报警电路。要求扬声器产生两种频率声音进行报警,两种频率分别是1kHz和1Hz,报警可以启动和停止。

3. 实验内容及要求

(1) 写出设计报告,包括设计原理、设计电路及选择的电路元器件参数。

(2) 组装和调试设计电路,检验电路是否满足设计要求并动手演示。如不满足,修改设计,直到满足设计要求。

(3) 写出实验总结报告,并画出调试成功的设计电路。

附录 A 口袋实验平台 LITE 304 使用说明

硬木课堂口袋实验平台 LITE 304 是一个全部采用国产芯片、高性能、功能齐全的口袋实验室,既可作为模拟电路、数字电路等课程的实验平台,又可作为综合课程设计和学生创新实践项目的开放平台。口袋实验平台 LITE 304 集成了 4 路高精度 ADC 通道、多路电源输出通道、数字万用表通道和 48 路数字 I/O 通道(包括 32 个并行数字 I/O 和 16 个可编程数字 I/O)等。口袋实验平台 LITE 304 通过 USB 连接上位机(计算机),通过上位机实现多款常用仪器的功能,包括示波器、数字万用表、信号发生器(信号源)、数据采集卡、幅频特性分析仪、频谱图仪、电源、逻辑分析仪、脉冲信号发生器等。口袋实验平台 LITE 304 如图 A.1 所示。

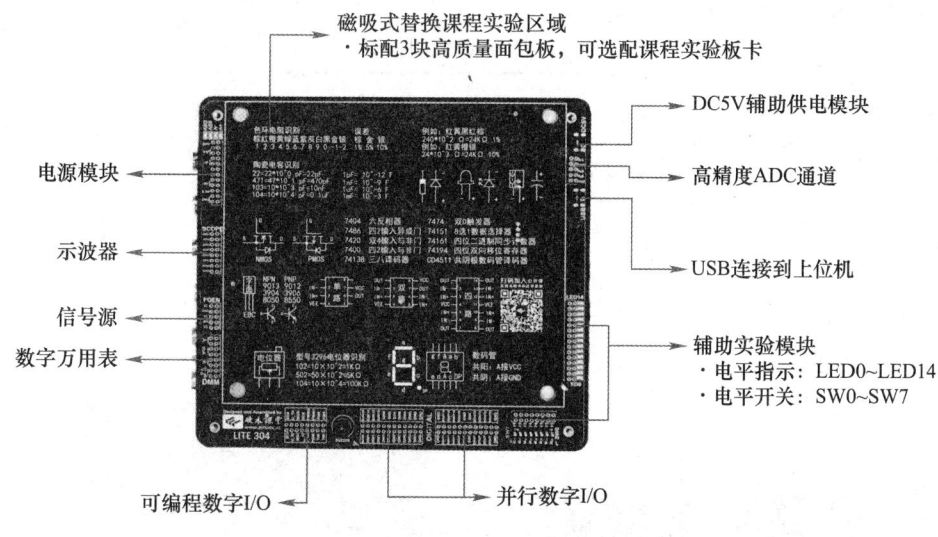

图 A.1 口袋实验平台 LITE 304

口袋实验平台 LITE 304 需要搭配上位机软件(Electronics Pioneer)进行人机交互和仪器操作,上位机软件可以从硬木课堂的官网上下载。

下载完成后,运行 setup.exe,建议安装过程中使用默认设置,直到安装完成。

运行 Electronics Pioneer 软件后,在主界面上显示软件功能,如图 A.2 所示。单击各图标后,即可弹出对应功能的软件界面。

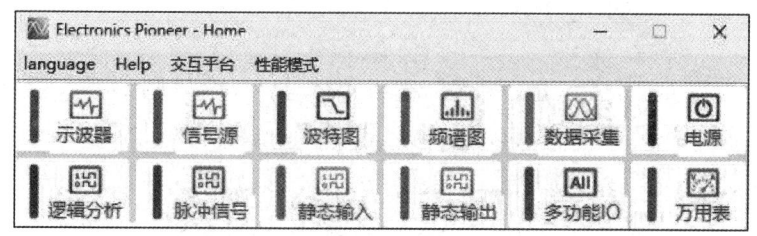

图 A.2 Electronics Pioneer 软件主界面

1. 电源模块

电源模块的输出接口如图 A.3 所示,指标如表 A.1 所示。

① 电源模块的输入接口(口袋实验平台 LITE 304 右侧)如图 A.4 所示,DC5V 不是必须接入的,如果需要大功率的 +V 和 -V,或者希望不用打开虚拟仪器软件就获得 5V 和 3.3V,可以插入 DC5V,这时 3.3V 和 D5V 会自动上电,+V 和 -V 也能够输出更大的电流(不再受限于上位机上 USB 的输出能力)。

② 除 D5V 为左右两孔并联外,其余每路电源输出均为四孔并联,导线可连接四孔中的任意孔位到电路中。

③ 插孔上方为电源对应指示灯,当 Electronics Pioneer 软件开启电源后,对应指示灯亮。电源指示灯如图 A.5 所示,电源设置界面如图 A.6 所示。

图 A.3　电源模块的输出接口

表 A.1　电源模块指标

电源模块接口	指标	说明
3.3V	额定电流 800mA	输入 DC5V 就可以获得,无须软件使能。自带短路保护,通过电源指示灯的亮和灭来判断短路情况
D5V	额定电流 800mA	
+V、-V	±2V~±15V 可调电源输出,额定电流 ±500mA	可调电源和固定 ±5V 输出既可以从 USB 通信接口取电,也可以用 DC5V 取电(输入 DC5V 后自动切换到 DC5V 供电),默认处于关断状态,需要在软件中使能,带有短路保护功能,±V 额外带有电源功率检测功能
+5V、-5V	±5V 固定输出,额定电流 +5V/500mA,-5V/100mA	

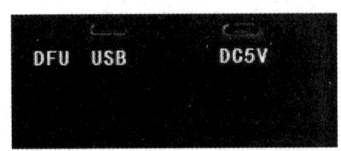

图 A.4　电源模块的输入接口

图 A.5　电源指示灯

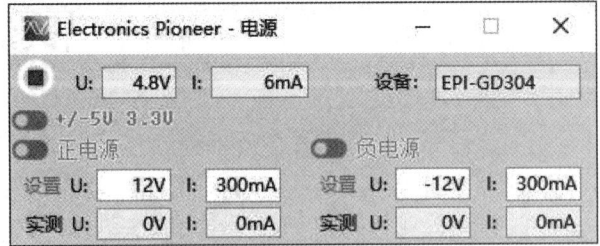

图 A.6　Electronics Pioneer 软件——电源模块设置界面

2. 示波器

示波器输入通道 AIN1、AIN2、AIN3、AIN4 为左右两孔并联,导线可连接并联两孔中的任意孔位到电路中,也可以通过口袋实验平台 LITE 304 左侧的探头接口,使用标准示波器探头对电路进行测量。示波器接口示意图如图 A.7 所示,指标如表 A.2 所示,示波器设置界面如图 A.8 所示。

图 A.7　示波器接口示意图

表 A.2　示波器指标

示波器通道	功能
AIN1 AIN2 AIN3 AIN4	示波器的 4 个通道均为 8 位同步采样,双通道时最高采样率为 200MSPS,四通道时最高采样率为 100MSPS;输入阻抗为 1MΩ,最大输入信号为 25V,最小输入信号为 −25V,输入 −3dB 带宽＞25MHz;可用于示波器、频谱图仪和扫频仪

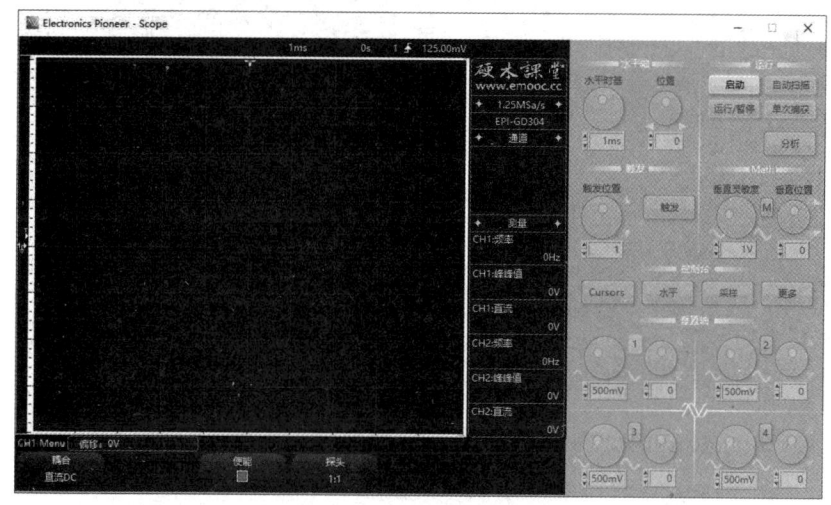

图 A.8　Electronics Pioneer 软件——示波器设置界面

3. 信号源

信号源输出通道 S1、S2、S3 为左右两孔并联,导线可连接两孔中的任意孔位到电路中。S1、S2 也可以通过口袋实验平台 LITE 304 左侧的 BNC 接口,使用同轴电缆连接到电路中。信号源接口示意图如图 A.9 所示,指标如表 A.3 所示,信号源设置界面如图 A.10 所示。

图 A.9　信号源接口示意图

表 A.3　信号源指标

信号源	功能	说明
S1、S2	双高速通道,可输出正弦波、三角波、方波、直流电平、白噪声、调制波形、扫频信号和任意波形,最高输出频率为 25MHz,频率步进 1Hz,波形幅度范围为±1mV～±5V,调节步进 1mV	三通道同步输出,相对相位可调,可组成低压三相电波形
S3	低速通道,可输出正弦波、三角波、方波信号,最高输出频率为 100kHz,波形幅度范围为±50mV～±5V	

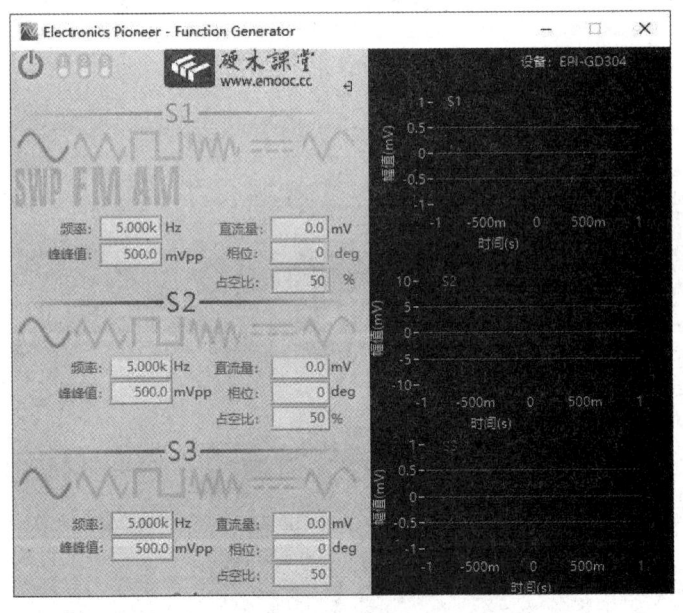

图 A.10　Electronics Pioneer 软件——信号源设置界面

4. 数字万用表

数字万用表挡位 A、mA、COM、V/电阻/电容/二极管都为四孔并联,导线可连接四孔中的任意孔位到电路中。所有功能也可以通过口袋实验平台 LITE 304 右侧的数字万用表表笔接口,使用数字万用表表笔连接到电路中。数字万用表接口示意图如图 A.11 所示,指标如表 A.4 所示,数字万用表设置界面如图 A.12 所示。

图 A.11 数字万用表接口示意图

表 A.4 数字万用表指标

输入端	功能
COM	数字万用表共同端
V Ω	电压、电阻、电容、二极管通断测试输入端 电压测量范围:0.1mV～36V,精度 1% 电流测量范围:10μA～3A,精度 1% 电阻测量范围:0.1Ω～40MΩ,精度 1% 电容测量范围:0.1nF～4mF,精度 2%～5% 二极管通断测试:30Ω 之内蜂鸣器鸣叫
μA mA	小电流测试输入端 μA 输入测量范围:0.1～600μA,精度 1% mA 输入测量范围:0.1～600mA,精度 1% 注意在 Electronics Pioneer 软件设置界面上选择对应的挡位
A	大电流测试输入端 100mA～3A,精度 1%

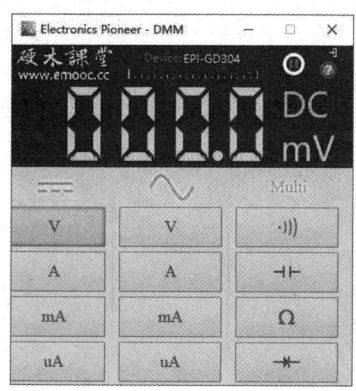

图 A.12 Electronics Pioneer 软件——数字万用表设置界面

5. 并行数字 I/O

32 位并行数字 I/O 均为单孔，接口示意图如图 A.13 和图 A.14 所示，指标如表 A.5 所示，并行数字 I/O 设置界面如图 A.15 和图 A.16 所示。系统配备有源 BUZZER，高电平时鸣叫。

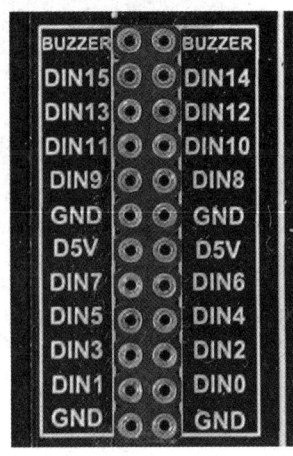

图 A.13　数字输出　　　　　　图 A.14　数字输入

表 A.5　并行数字 I/O 指标

数字输入/输出	接口	功能
数字输出	DOUT0~DOUT15	16 位并行数字输出，输出电平 3.3V 和 5V 可选，最高刷新率为 100MSPS，可用于脉冲信号发生器、连续脉冲、单次脉冲、虚拟电平开关
数字输入	DIN0~DIN15	16 位并行数字输入，最高采样率为 100MSPS，可用于逻辑信号分析仪

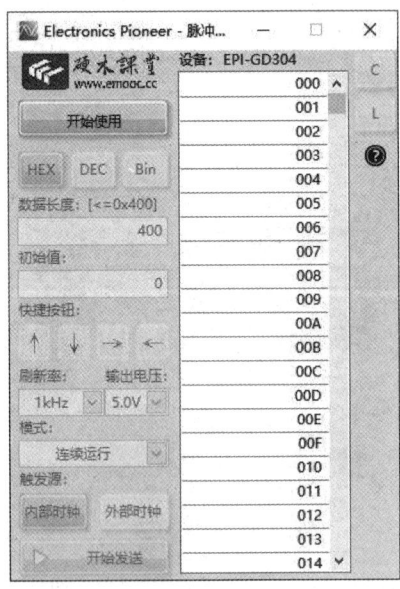

图 A.15　Electronics Pioneer 软件——数字输出设置界面

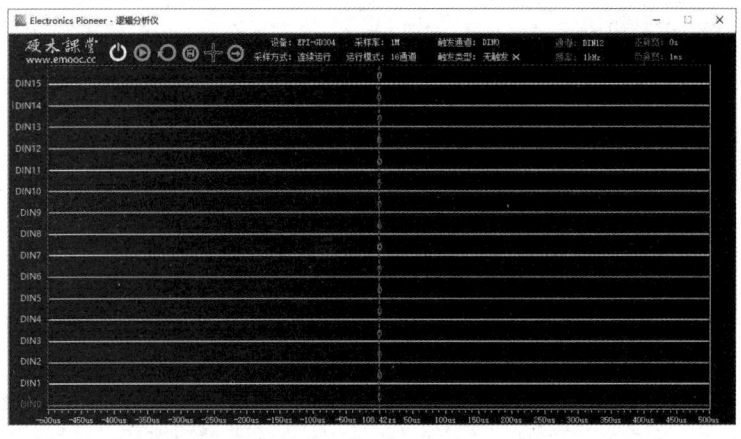

图 A.16 Electronics Pioneer 软件——数字输入设置界面

6. 可编程数字 I/O

可编程数字 I/O 为单孔,每个孔位的功能不同,其接口示意图如图 A.17 所示,指标如表 A.6 所示。

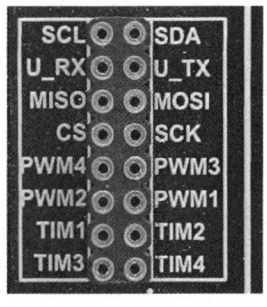

表 A.6 可编程数字 I/O 指标

可编程数字 I/O 接口	功能
SCL、SDA、U_RX、U_TX、MISO、MOSI、CS、SCK、PWM1～PWM4、TIM1～TIM4	独立 16 路可编程多功能数字通道,可配置为参数化编程的 SPI、I²C、UART、PWM、频率计和编码器

图 A.17 可编程数字 I/O 接口示意图

7. 电平开关

口袋实验平台 LITE 304 上共有 8 个电平开关(SW0～SW7),每个电平开关对应两个孔位。拨动到 ON 侧时,输出高电平,反之输出低电平。电平开关接口示意图如图 A.18 所示。

8. 电平指示

口袋实验平台 LITE 304 上共有 15 个 LED(LED0～LED14),每个 LED 对应两个孔位。当输入信号为高电平时,LED 亮;当输入信号为低电平时,LED 灭。电平指示接口示意图如图 A.19 所示。

图 A.18 电平开关接口示意图

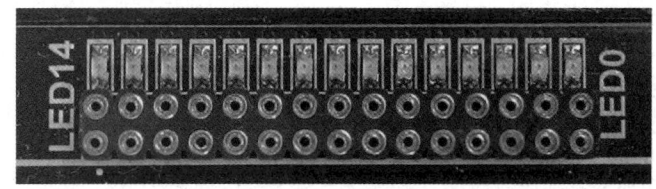

图 A.19 电平指示接口示意图

附录 B　Multisim 13 使用指南

B.1　Multisim 13 简介

Multisim 13 是美国国家仪器公司(NI)推出的 Circuit Design Suit 13 中的一个重要组成部分,其前身为 EWB(Electronics Work-Bench)。Multisim 是一款交互式电路模拟软件,为用户提供了丰富的元器件库和功能齐全的各类虚拟仪器,主要用于对各种电路进行全面的仿真分析和设计。Multisim 提供了集成化的设计环节,能完成原理图的设计输入、电路仿真分析、电路功能测试等工作。当改变电路参数和电路结构进行仿真时,可以清楚地观察到各种变化对电路性能的影响。

Multisim 13 的特点如下。

1. 直观的图形界面

Multisim 13 的整个界面就像是一个电子实验平台,绘制电路所需的元器件和仿真所需的仪器仪表均可直接拖放到电路工作区中,轻点鼠标即可完成导线的连接;虚拟仪器的控制面板和操作方式与实物相似,测量数据、波形和特性曲线如同在真实仪器上看到的一样。

2. 丰富的元器件库

Multisim 13 具有丰富的元器件库,包括基本元件、半导体器件、TTL 及 CMOS 数字 IC、DAC、ADC、MCU 等,并且用户可通过元器件编辑器自行创建或扩充已有的元器件库,元器件参数可以从生产厂商的产品手册中查找,因此很方便在工程设计中使用。

3. 丰富的各类虚拟仪器

Multisim 13 除了具备一般实验用的通用仪器,如数字万用表、函数信号发生器、示波器、直流电源,还有实验室少有或没有的仪器,如波特图仪、字信号发生器、逻辑分析仪、逻辑转换器、失真分析仪、频谱分析仪和网络分析仪等,所有仪器均可多台同时调用。

4. 完备的分析手段

Multisim 13 具有详细的电路分析功能,可以完成电路的瞬态分析和稳态分析、时域分析和频域分析、元器件的线性分析和非线性分析、电路的噪声分析和失真分析、离散傅里叶分析、零极点分析、交直流灵敏度分析等,可以在线显示图形并具有很大的灵活性,以帮助设计人员分析电路的性能。

5. 强大的仿真能力

Multisim 13 可以设计、测试和演示各种电子电路,包括模拟电路、数字电路、射频电路及微控制器接口电路等,可以对电路设置各种故障,如开路、短路和不同程度的漏电等,从而观察不同故障情况下的电路工作状况。在进行仿真时,还可以存储测试点的所有数据,列出电路的元器件清单,以及存储测试仪器的工作状态、显示波形和具体数据等。

6. 完美的兼容能力

Multisim 13 可方便地将模拟结果以原有文档格式导入 LabView 或 Signal Express 中。工程人员可更有效地分享及比较仿真数据和模拟数据,而无须转换文件格式,在分享数据时减少了失误,提高了效率。

7. 丰富的在线帮助

Multisim 13 有丰富的在线帮助功能,不仅包括软件本身的操作指南,更重要的是包含元器件的功能解说,这种功能解说有利于使用 EWB 进行 CAI 教学。另外,Multisim 13 还提供了与印制电路板设计自动化软件 Altium Designer 及电路仿真软件 PSpice 之间的文件接口,也能通过 Windows 的剪贴板把电路原理图送往文字处理系统中进行编辑排版,并且支持 VHDL 和 Verilog HDL 语言的电路设计与仿真。

8. 高效的电路设计

利用 Multisim 13 可以实现计算机仿真设计与虚拟实验,与传统的电子电路设计与实验方法相比,具有如下特点:设计与实验可以同步进行,可以边设计边实验,修改调试方便;设计和实验用元器件及测试仪器仪表齐全,可以完成各种类型的电路设计与实验;可方便地对电路参数进行测试和分析;可直接打印输出实验数据、测试参数、曲线和电路原理图;实验中不消耗实际的元器件,实验所需元器件的种类和数量不受限制,实验成本低、速度快、效率高;实验成功的电路可以直接在产品中使用。

B. 2　Multisim 13 的基本操作界面

一、主窗口

启动 Multisim 13,弹出如图 B. 1(a)所示的主窗口,即 Multisim 13 的基本操作界面,该界面主要由菜单栏、电路工作区、工具栏、仪器仪表栏、仿真开关等组成。

二、菜单栏

Multisim 13 有 12 个菜单项,如图 B. 1(b)所示。菜单栏中提供了软件所有的功能命令。

【File】(文件)菜单:提供 18 个文件操作命令,如打开、保存、打印等,主要用于管理所创建的电路文件。

【Edit】(编辑)菜单:提供对电路和元器件进行剪切、粘贴、旋转等 23 个操作命令,主要用于在电路绘制过程中对电路和元器件进行各种技术性处理。

【View】(视图)菜单:提供 22 个用于控制仿真界面上显示的内容、缩放电路原理图和查找元器件等操作命令。

【Place】(放置)菜单:提供在电路工作区内放置元器件、节点、导线、各种连线接口及文本等命令。

【MCU】(微控制器)菜单:提供带有微控制器的嵌入式电路仿真功能命令。Multisim 13 支持的微控制器有两类:805X 和 PIC 系列。

【Simulate】(仿真)菜单:提供常用的仿真设置与操作命令。

【Transfer】(文件输出)菜单:提供仿真电路的各种数据与 Ultiboard13 数据相互传送功能的命令。

【Tools】(工具)菜单:提供常用电路创建向导和电路管理命令,主要用于编辑和管理元器件和元器件库。

【Reports】(报告)菜单:用于产生指定元器件存储在数据库中的所有信息和当前电路工作区中所有元器件的详细参数报告。

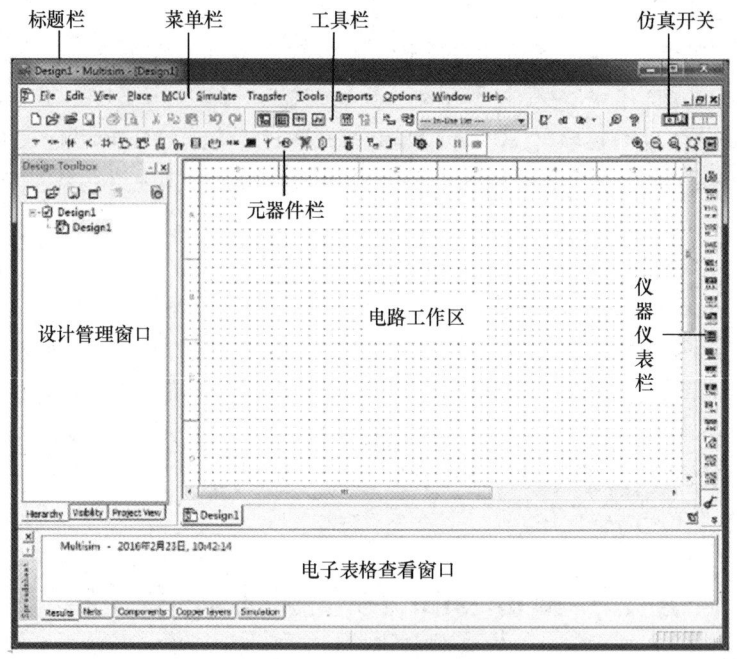

(a) Multisim 13 的基本操作界面

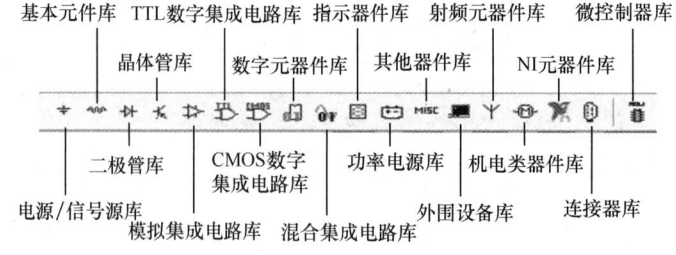

(b) Multisim 13 的菜单栏

图 B.1　Multisim 13 的基本操作界面及菜单栏

【Options】(选项)菜单:用于用户设置电路功能、存储模式及工作界面。

【Window】(窗口)菜单:为用户提供对一个电路的各个多页子电路及不同的各个仿真电路同时浏览的功能。

【Help】(帮助)菜单:为用户提供在线技术帮助和使用指导。

三、元器件栏

Multisim 将所有的元器件模型分门别类地放到 18 个分类库中,每个分类库放置同一种类型的元器件。元器件栏如图 B.2 所示。

图 B.2　元器件栏

1. 电源/信号源库

电源/信号源库包含接地端、直流电源、交流电源、时钟电源、受控电源等 48 种电源/信号源,如图 B.3 所示。

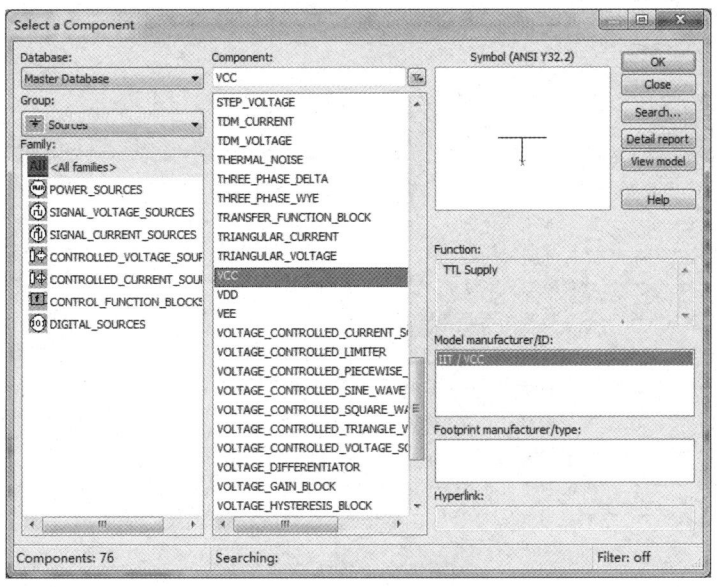

图 B.3 电源/信号源库

2. 基本元件库

基本元件库共有 17 个系列,包含电阻、电容、电感等基本元件。基本元件库中虚拟元件的参数可以任意设置,非虚拟元件的参数是固定的,但可以根据需要选择,如图 B.4 所示。

3. 二极管库

二极管库共有 15 个系列,包含二极管、晶闸管等器件,如图 B.5 所示。

图 B.4 基本元件库

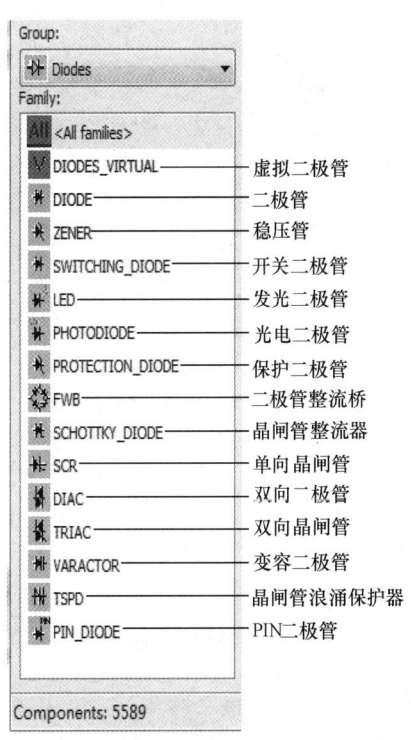

图 B.5 二极管库

4. 晶体管库

晶体管库中共有 21 个系列，包含晶体管、场效应管等器件，如图 B.6 所示。

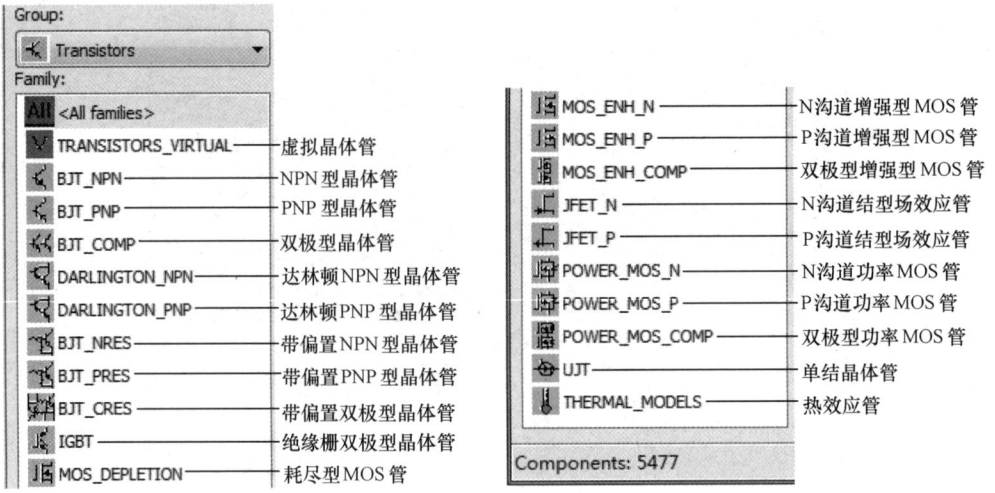

图 B.6 晶体管库

5. 模拟集成电路库

模拟集成电路库共有 10 个系列，包含多种运算放大器，如图 B.7 所示。

6. TTL 数字集成电路库

TTL 数字集成电路库共有 9 个系列，包含 74 系列、74S 系列、74LS 系列、74F 系列等 74 系列数字集成电路，如图 B.8 所示。

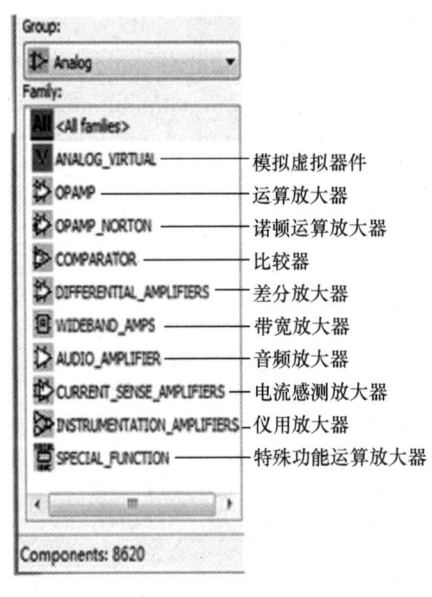

图 B.7 模拟集成电路库

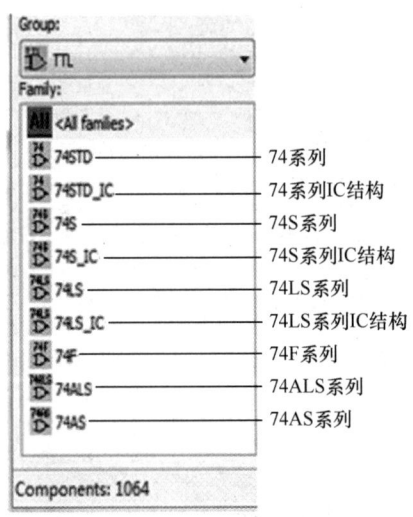

图 B.8 TTL 数字集成电路库

7. CMOS 数字集成电路库

CMOS 数字集成电路库共有 14 个系列，包含 4000 系列和 74HC 系列等多种 CMOS 数字集成电路，如图 B.9 所示。

8. 数字元器件库

数字元器件库共有 13 个系列，包含 DSP、CPLD、FPGA、PLD、存储器、一些接口电路等元器件，如图 B.10 所示。

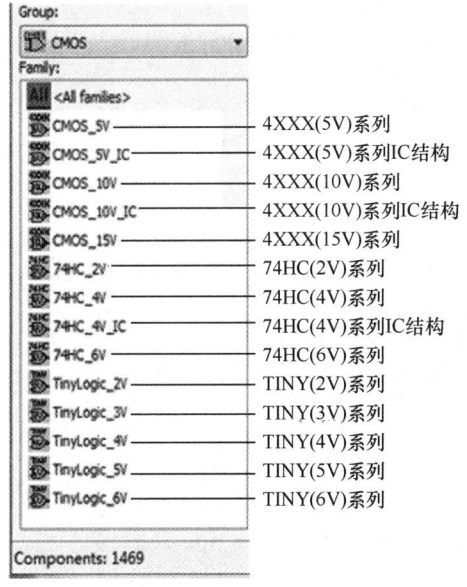

图 B.9　CMOS 数字集成电路库　　　　　　　图 B.10　数字元器件库

9. 混合集成电路库

混合集成电路库共有 7 个系列，包含定时器、多谐振荡器等多种数模混合集成电路，如图 B.11 所示。

10. 指示器件库

指示器件库共有 8 个系列，包含 8 种可用来显示电路仿真结果的显示器件，如图 B.12 所示。

 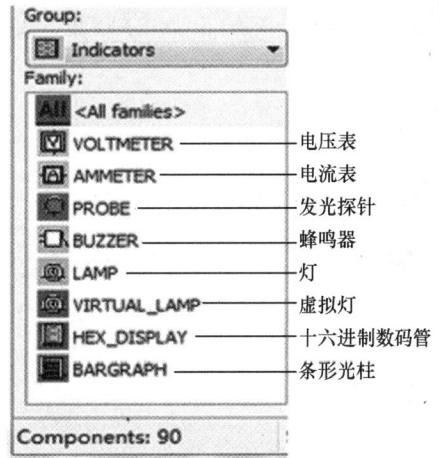

图 B.11　混合集成电路库　　　　　　　图 B.12　指示器件库

11. 功率电源库

功率电源库共有 16 个系列，包括三段稳压器、开关电源等多种功率电源，如图 B.13 所示。

12. 其他器件库

其他器件库共有 15 个系列，包含光电耦合器、晶振、滤波器等多种器件，如图 B.14 所示。

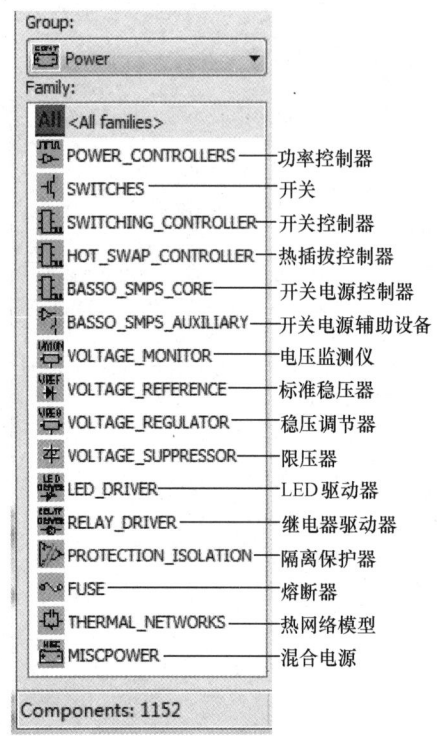

图 B.13　功率电源库　　　　　　图 B.14　其他器件库

13. 外围设备库

外围设备库共有 4 个系列，包含键盘、液晶屏等，如图 B.15 所示。

14. 射频元器件库

射频元器件库共有 8 个系列，包含射频晶体管、射频 MOS FET 等元器件，如图 B.16 所示。

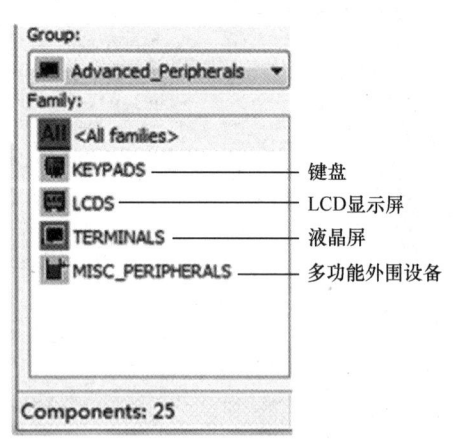 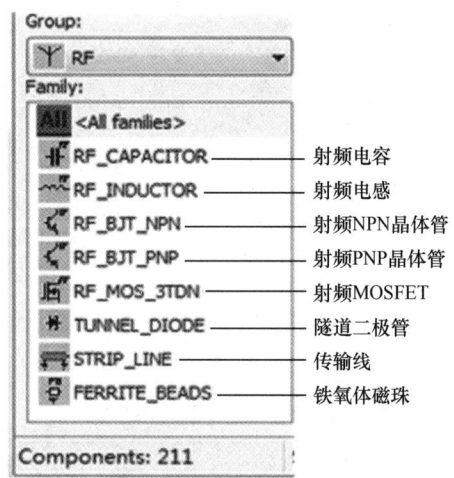

图 B.15　外围设备库　　　　　　图 B.16　射频元器件库

15. 机电类器件库

机电类器件库共有 8 个系列,包含传感器、辅助开关等机电类器件,如图 B.17 所示。

16. NI 元器件库

NI 元器件库共有 11 个系列,包含数据采集卡、信号调理模块等,如图 B.18 所示。

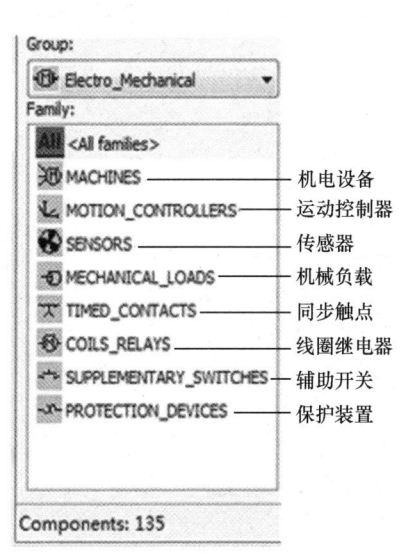

图 B.17　机电类器件库　　　　图 B.18　NI 元器件库

17. 连接器库

连接器库共有 11 个系列,包含不同的常用接插件,如图 B.19 所示。

18. 微控制器库

微控制器库共有 4 个系列,包含 805X 单片机、存储器等,如图 B.20 所示。

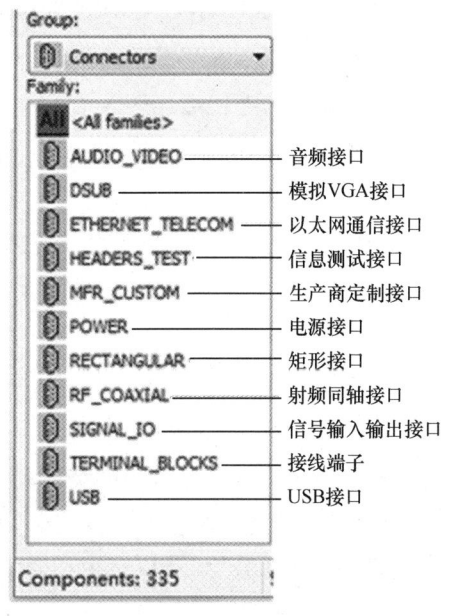

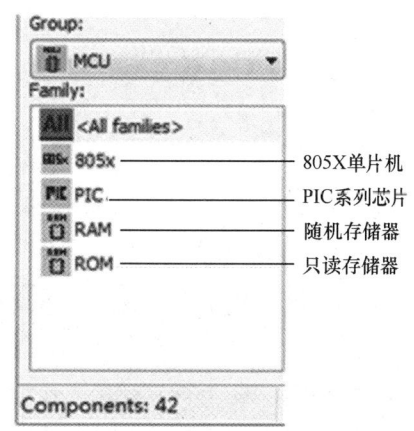

图 B.19　连接器库　　　　图 B.20　微控制器库

四、仪器仪表栏

Multisim 中的仪器仪表是一种具有虚拟面板的计算机仪器,操作人员通过图形用户界面用鼠标或键盘来控制仪器仪表的运行,以完成对电路的电压、电流、电阻及波形等物理量的测量。虚拟仪器的操作与实际的仪器仪表非常相似,这使仿真实验的操作更加直观、方便。

Multisim 13 的仪器仪表栏在图 B.1(a)所示界面最右边按列排放,每一个按钮代表一种仪表,共存放有 20 多种虚拟仪器,如图 B.21 所示。

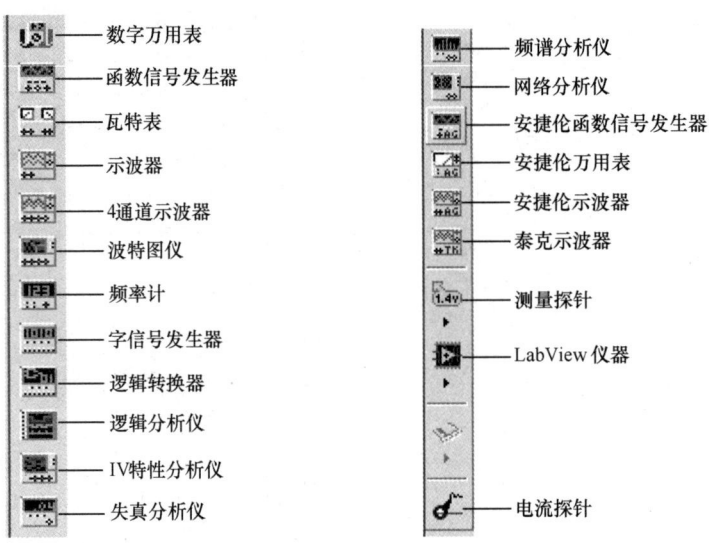

图 B.21 仪器仪表栏

仪器仪表的基本操作方法如下。

(1) 仪器仪表选用:将光标放在仪器仪表栏中将用的仪器仪表图标上,按住鼠标左键,将其拖放到电路工作区即可。

(2) 仪器仪表连接:将仪器仪表图标上的接线端与相应电路的连接点连接。

(3) 仪器仪表参数设置:双击仪器仪表图标,打开仪器仪表面板并进行仪器仪表的参数设置。

(4) 仿真运行:打开仿真电源开关后,可观测数据或观察波形。

B.3 分 析 方 法

一、分析方法简介

Multisim 13 提供了非常齐全的仿真与分析功能。执行"Simulate/Analysis"菜单命令,或单击工具栏的"分析"按钮,即可弹出如图 B.22 所示的分析方法菜单,共包括 19 个分析命令。

(1) DC operating point(静态工作点分析):分析电路的静态工作点,可以选定不同节点计算静态电压值。

(2) AC analysis(交流分析):分析电路的小信号频率响应。

(3) Single frequency AC analysis(单一频率交流分析)：分析电路的小信号单一频率响应。

(4) Transient analysis(瞬态分析)：是电路在时域的动作分析，相当于连续性的操作点分析，通常是为了找出电子电路的动作情形，就像使用示波器一样。

(5) Fourier analysis(傅里叶分析)：是电路在频域的动作分析，将周期性的非正弦波信号转换成由正弦波和余弦波组成的信号。

(6) Noise analysis(噪声分析)：分析噪声对电路的影响。Multisim 提供 3 种噪声的仿真分析，包括热噪声(Thermal Noise)，也称为琼森噪声(Johnson Noise)或白噪声(White Noise)，这种噪声是由温度变化所产生的；放射噪声(Shot Noise)，这种噪声是由于电流在分立的半导体器件中流动所产生的噪声，是晶体管的主要噪声；Flicker 噪声，又称为超越噪声(Excess Noise)，通常发生在 FET 或一般晶体管内，频率为 1kHz 以下。

(7) Noise figure analysis(噪声指数分析)：属于射频分析的一部分，噪声指数是指输入端的信噪比(即信号与噪声之比)与输出端的信噪比之比。

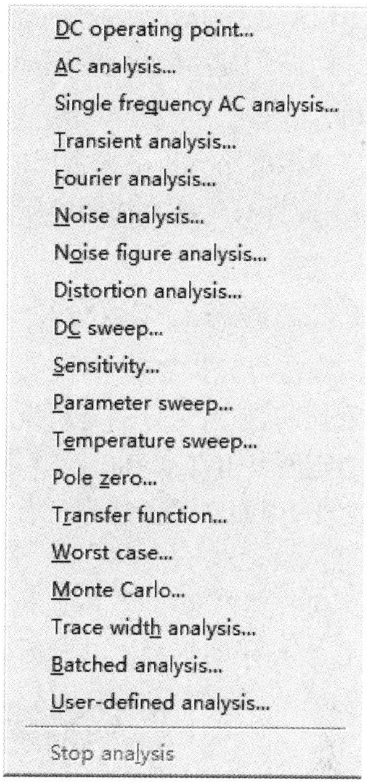

图 B.22　分析方法菜单

(8) Distortion analysis(失真分析)：分析电路的非线性失真及相位偏移。

(9) DC sweep(直流扫描分析)：以不同的一组或两组电源，交互分析指定节点的直流电压值。

(10) Sensitivity(灵敏度分析)：为了找出元器件受偏压影响的程度，Multisim 提供直流灵敏度与交流灵敏度的分析功能。

(11) Parameter sweep(参数扫描分析)：是对电路中的元器件分别以不同的参数值进行分析。在 Multisim 中，可设定为静态工作点分析、瞬态分析或交流分析。

(12) Temperature sweep(温度扫描分析)：也是参数扫描分析的一种，同样可以执行静态工作点分析、瞬态分析及交流分析。

(13) Pole zero(零极点分析)：用于求解电路的交流小信号传递函数中零点与极点的个数和数值，以决定电子电路的稳定度。在进行零极点分析时，首先计算出静态工作点，再设定所有非线性元件的线性小信号模型，然后找出其交流小信号传递函数的零点与极点。

(14) Transfer function(传递函数分析)：求解电路小信号分析的输出和输入之间的关系，可以分析出增益、输入阻抗及输出阻抗。

(15) Worst case(最坏状态分析)：以统计分析的方式，在给定元器件参数允许误差的情况下，分析电路性能相对于标称值的最大偏差。

(16) Monte Carlo(蒙特卡罗分析)：以统计分析的方式，在给定元器件参数允许误差的统计规律的情况下，用一组伪随机数求得元器件参数的随机抽样序列，并对这些随机抽样的电路进行静态工作点分析、瞬态分析及交流分析。

(17) Trace width analysis(布线宽度分析)：可以帮助设计者找出该电路在设计印制电路板(PCB)时走线的宽度。

(18) Batched analysis(批次分析)：设定几个分析分批执行。

(19) User-defined analysis(使用者定义分析)：在 Multisim 中，用户可以自行定义电路分析。

模拟电路分析中最常用的分析方法为静态工作点分析、交流分析、瞬态分析和传递函数分析，下面针对这些方法的应用进行详细介绍。

二、静态工作点分析

在进行分析之前，首先必须设定相关的参数，而对于不同的分析，其设定参数不完全相同。尽管如此，在大部分的分析设定中，只要按照默认值就可以正常分析。但有些设定是必需的，如指定所要追踪或分析的节点等。静态工作点分析中的各项设定几乎都出现在其他分析的设定之中，因而熟悉了静态工作点分析的设定，对于其他分析的设定，只需掌握其特殊的部分即可。

执行菜单命令"Simulate/Analysis/DC operating point"，进入静态工作点分析，出现如图 B.23 所示对话框。该对话框包括 Output 页、Analysis options 页和 Summary 页。

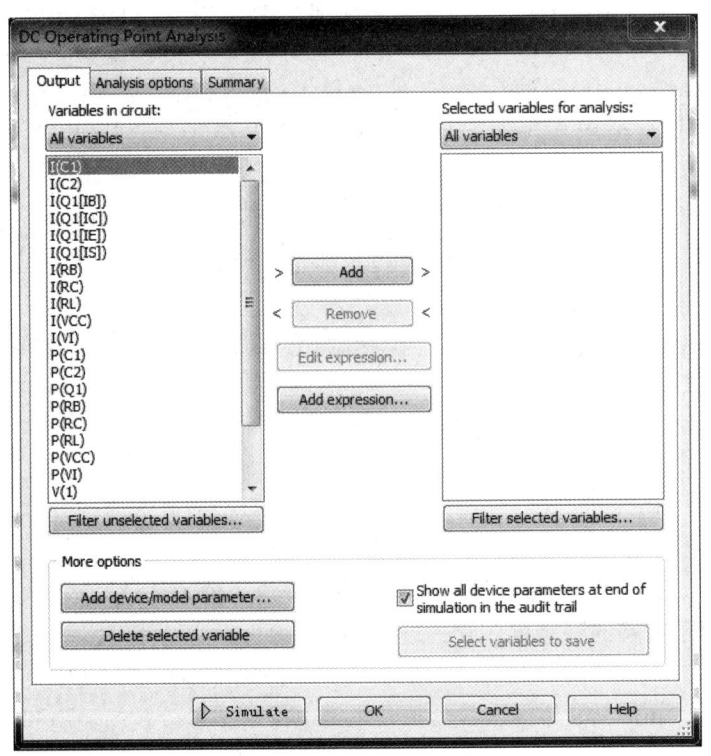

图 B.23　静态工作点分析对话框

Output 页是必须设定的部分，在此页中指定所要分析的节点，才能进行静态工作点分析。该页包括 Variables in circuit 区块和 Selected variables for analysis 区块等。

Variables in circuit 区块：列出电路中的所有节点名称。选取要分析的节点，再单击"Add"按钮，即可将所选取的节点放到 Selected variables for analysis 区块中。如果在本区块选取节点后，单击"Filter unselected variables"按钮，则对电路中未列出的其他节点进行筛选。

Selected variables for analysis 区块:列出所要分析的节点,如果需要去除某个节点,则选取所要去除的节点,单击"Remove"按钮,即可将节点放回 Variables in circuit 区块。

在 Analysis options 页中可以进行其他一些设定,包括在 Title for analysis 字段中输入所要进行分析的节点名称和通过 Use custom analysis options 设定习惯分析方式等,一般无须设定,采用默认值即可。

在 Summary 页中进行分析设定确认,一般无须设定,采用默认值即可。

当设定完成后,单击图 B.23 下面的"Simulate"按钮即可进行分析。分析结果如图 B.24 所示,可以对分析结果进行一般的文档操作,如保存、打印等。

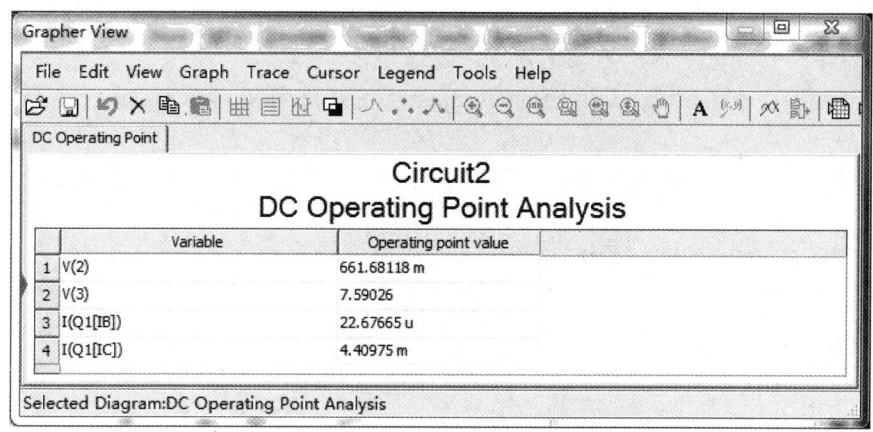

图 B.24　静态工作点分析的结果

三、交流分析

交流分析是分析电路的小信号频率响应。由于交流分析是以正弦波为输入信号的,因此进行分析时,都将自动以正弦波替换输入信号,而信号频率也将以设定的范围替换。执行菜单命令"Simulate/Analysis/AC analysis",进入交流分析,出现如图 B.25 所示对话框。该对话框包括 4 页,除 Frequency parameters 页外,其余页均与静态工作点分析的设定一样。

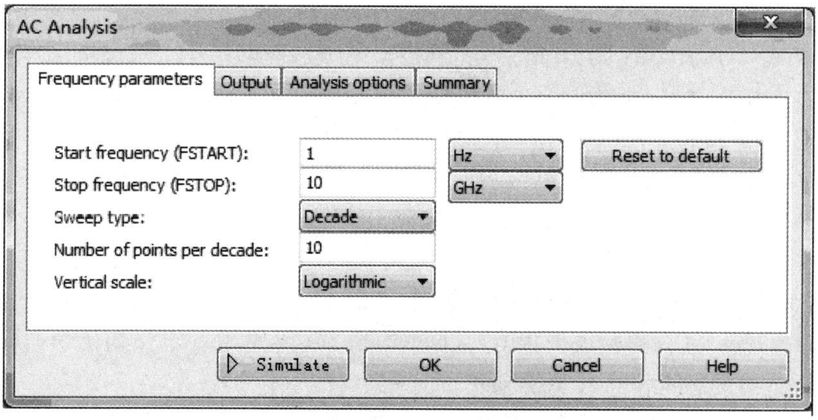

图 B.25　交流分析对话框

Frequency parameters 页包括下列 6 个项目。

(1) Start frequency(FSTART)：设定交流分析的起始频率。

(2) Stop frequency(FSTOP)：设定交流分析的终止频率。

(3) Sweep type：设定交流分析的扫描方式，其中包括 Decade(十倍刻度扫描)、Octave(八倍刻度扫描)及 Linear(线性刻度扫描)。通常采用十倍刻度扫描，以对数方式展现分析结果。

(4) Number of points per decade：设定每十倍频率的采样点数。

(5) Vertical scale：设定垂直刻度，其中包括 Decibel(分贝刻度)、Octave(八倍刻度)、Linear(线性刻度)及 Logarithmic(对数刻度)。通常采用 Logarithmic 或 Decibel 刻度。

(6) Reset to default：将所有设定恢复为默认值。

当设定完成后，单击图 B.25 下面的"Simulate"按钮即可进行分析，分析结果如图 B.26 所示。

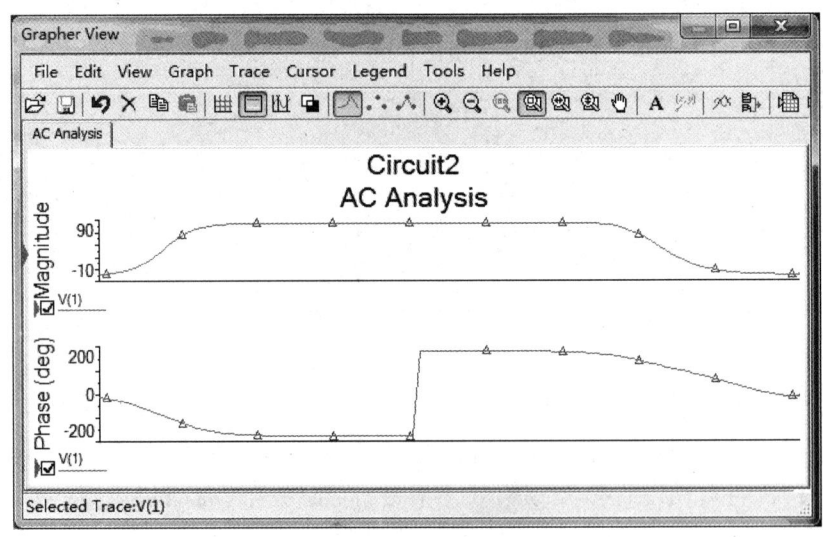

图 B.26　交流分析的结果

四、瞬态分析

瞬态分析是一种非线性时域分析，可以分析在激励信号的作用下电路的时域响应，相当于连续性的静态工作点分析，通常是为了找出电子电路的工作情况，就像用示波器观察节点电压波形一样。执行菜单命令"Simulate/Analysis/Transient analysis"，出现如图 B.27 所示对话框。该对话框包括 4 页，除 Analysis parameters 页外，其余页均与静态工作点分析的设定相同。

Analysis parameters 页包括下列项目：

(1) Initial conditions：设定初始条件，其中包括 Determine automatically(由程序自动设定初始值)、Set to zero(将初始值设为 0)、User defined(由使用者定义初始值)、Calculate DC operating point(由静态工作点计算得到)。

(2) Start time(TSTART)：设定分析开始的时间。

(3) End time(TSTOP)：设定分析结束的时间。

(4) Maximum time step(TMAX)：设定最大时间间隔，以设定分析的步长，并在右边字段里输入最大时间间隔值。

（5）Initial time step(TSTEP)：初始时间设置，并在右边字段里输入初始时间。

（6）Reset to default：将所有设定恢复为默认值。

当设定完成后，单击图 B.27 下面的"Simulate"按钮即可进行分析，分析结果如图 B.28 所示。

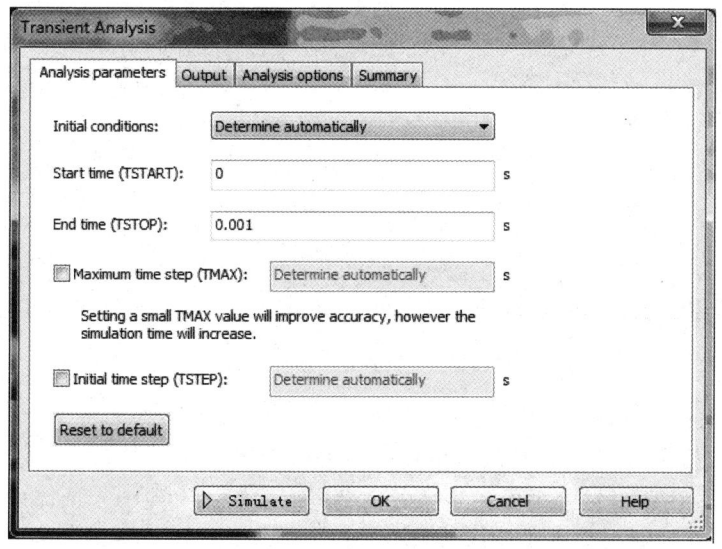

图 B.27　瞬态分析对话框

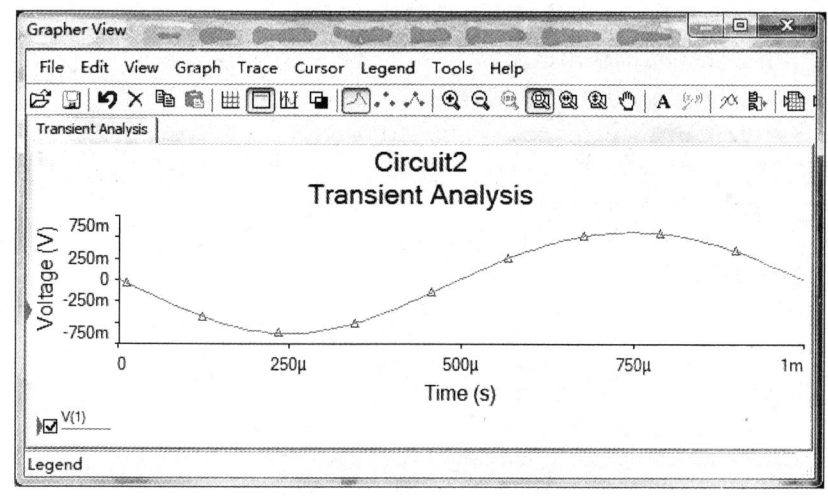

图 B.28　瞬态分析的结果

五、传递函数分析

传递函数分析是找出电路小信号分析的输入与输出之间的关系，Multisim 将计算出增益、输入阻抗及输出阻抗。执行菜单命令"Simulate/Analysis/Transfer function"，出现如图 B.29 所示对话框。该对话框包括 3 页，除 Analysis parameters 页外，其余页均与静态工作点分析的设定相同。

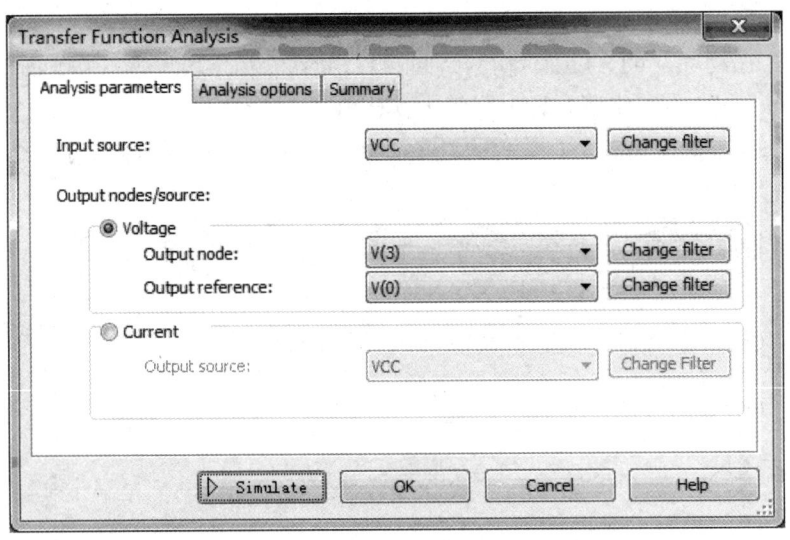

图 B.29 传递函数分析对话框

在 Analysis parameters 页中，各项说明如下：

（1）Input source：指定所要分析的电压源或者信号源。

（2）Voltage：指定计算输出电压与输入信号源电压之比。选中本选项后，可以在 Output node 字段中指定所要测量的输出电压节点，而在 Output reference 字段中指定参考电压节点，通常是接地端。

（3）Current：指定计算输出电流与输入信号源电流之比。选中本选项后，可以在 Output source 字段中指定所要测量的输出电流源。

如图 B.30 所示为传递函数分析的结果。

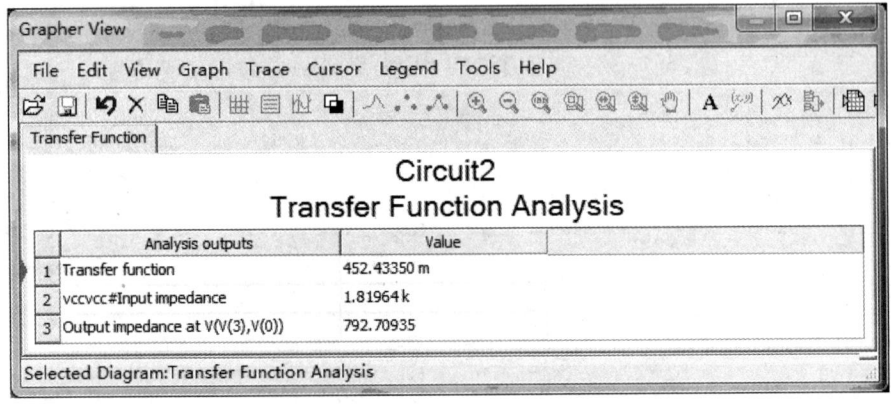

图 B.30 传递函数分析的结果

B.4 模拟电路仿真步骤

下面以具体电路为例，介绍模拟电路仿真的基本步骤，包括如何建立电路、仿真测量电路、分析电路、输出结果等。电路原理图如图 B.31 所示，其中晶体管采用实际晶体管 2N2221A，电阻、电容均采用虚拟元件。

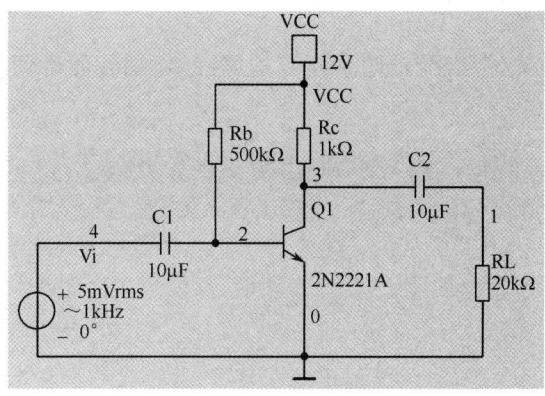

图 B.31　电路原理图

一、建立电路

1. 建立电路文件

运行 NI Multisim 13,打开一个空白的电路文件,便可开始建立电路文件。电路的颜色、尺寸和显示模式可基于用户的喜好设置。

2. 根据需要改变用户界面设置

执行菜单命令"Options/Preferences",进行用户喜好设置。

（1）执行菜单命令"Options/Sheet properties/Sheet visibility/Show all",设置显示电路节点名称。

（2）执行菜单命令"Options/Global options/Components/IEC",设定采用国际标准。

3. 在电路工作区中放置元器件

从元器件栏中取出所需的所有元器件并放到合适的位置,如图 B.32 所示。图中元器件只是按照图 B.31 所示电路中的元器件类型和数量取出放置,元器件属性及所放置的位置和方向还有待修改。

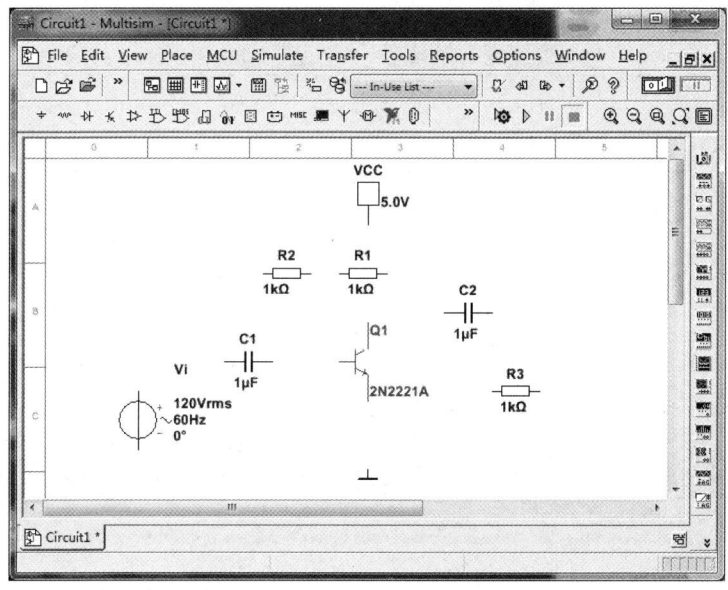

图 B.32　在电路工作区中放置元器件

4. 修改元器件属性

分别修改信号源、直流电压源、电阻和电容的属性,包括元器件值和序号。修改后的电路图如图 B.33 所示。

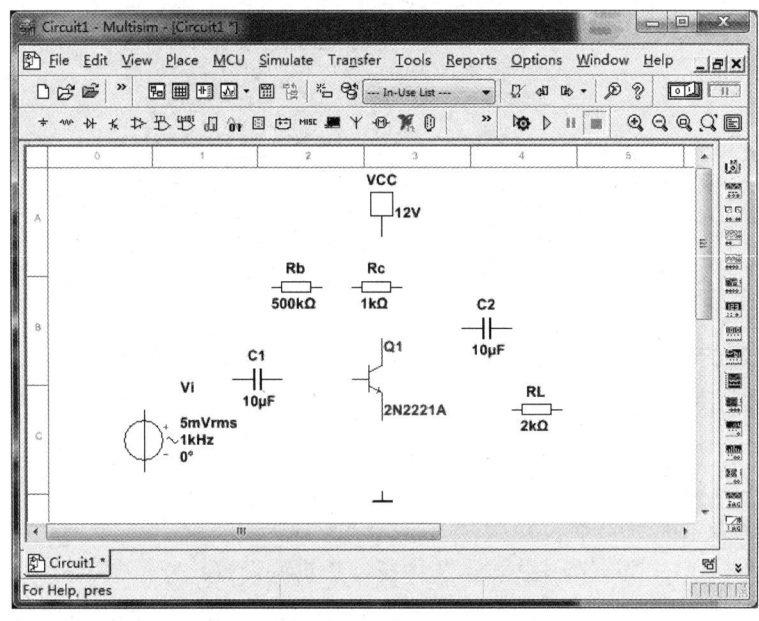

图 B.33　修改元器件属性

5. 编辑元器件

在图 B.33 中,电阻 R_b、R_c 和 R_L 的方向需要垂直放置,另外有些元器件的位置需要移动。编辑元器件的位置和方向后如图 B.34 所示。

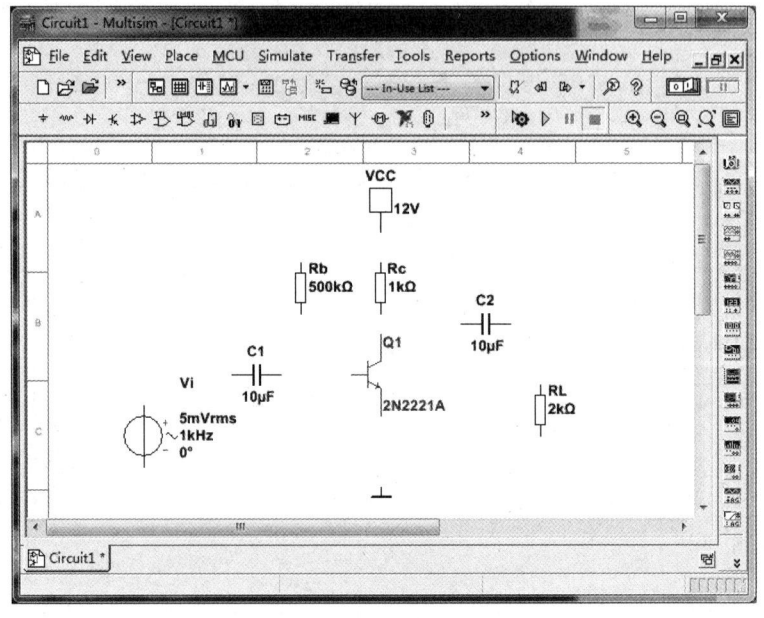

图 B.34　编辑元器件

6. 连接电路与自动放置节点

按照图 B.34 进行电路连接,如图 B.35 所示。如果需要从某一引脚连接到某一条线的中间,则只需单击该引脚,然后移动光标到所要连线的位置再单击即可。Multisim 不但自动连接这两个点,同时在所连接线的中间自动放置一个节点,表示该条线与新的走线是相连接的。

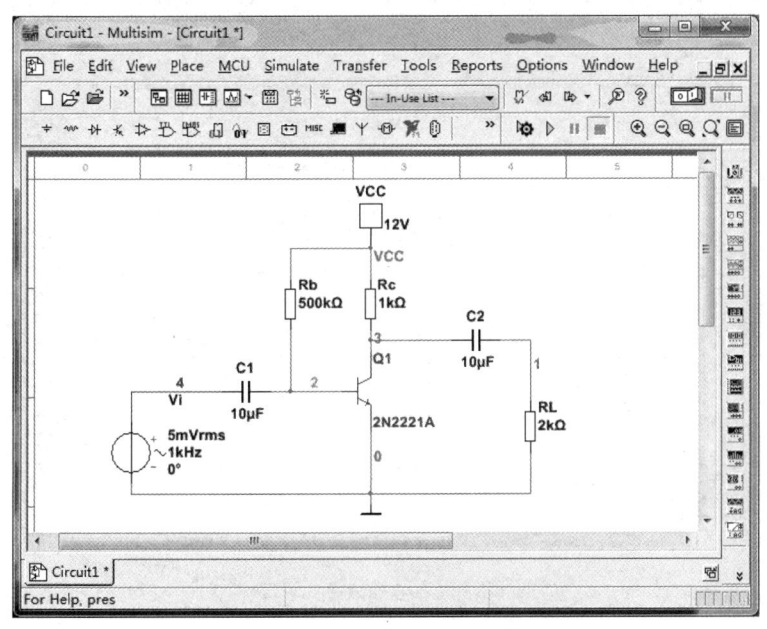

图 B.35　连接电路与自动放置节点

除上述情况外,交叉而过的两条线不会产生节点。但是如果要让交叉线相连接,可在交叉点上放置一个节点。执行菜单命令"Place/Junction",单击所要放置节点的位置,即可在该处放置一个节点。如果要删除节点,则右击所要删除的节点,在弹出菜单中选择 Delete 项即可删除(注意:删除节点会将与其相关的连线一起删除)。

7. 给电路增加文本

当需要在电路图中放置文字说明时,可执行菜单命令"Place/Text",然后单击所要放置文字的位置,即可在该处放置一个文字插入框。然后输入所要放置的文字,输入完成后,单击此文字块以外的地方,文字块即被放置。被放置的文字块可以任意搬移,具体做法是:光标指向该文字块,按住鼠标左键,再移动光标,移至目的地后,放开鼠标左键即可。另外,如果要删除此文字块,则单击此文字块后,按 Del 键即可删除。如果要改变文字的颜色,则右击该文字块,在快捷菜单中选取 Color 命令选取所要采用的颜色。

二、仿真测量电路

1. 用数字万用表测量静态工作点

利用数字万用表的直流电压挡和直流电流挡可以测量静态工作点:I_{BQ}、I_{CQ}、U_{BEQ}、U_{CEQ}。

(1) 测量 I_{BQ} 和 I_{CQ}

① 增加数字万用表:单击仪器仪表栏中的数字万用表按钮,移动光标至电路工作区中合适的位置后单击,数字万用表图标就出现在电路工作区中。用此方法取出两个数字万用表

XMM1 和 XMM2,分别放置到 R_b 和 R_c 所在支路旁边。

② 仪表连线:删除电路中适当的连线,将 XMM1 串联到 R_b 所在支路中,将 XMM2 串联到 R_c 所在支路中,如图 B.36 所示。

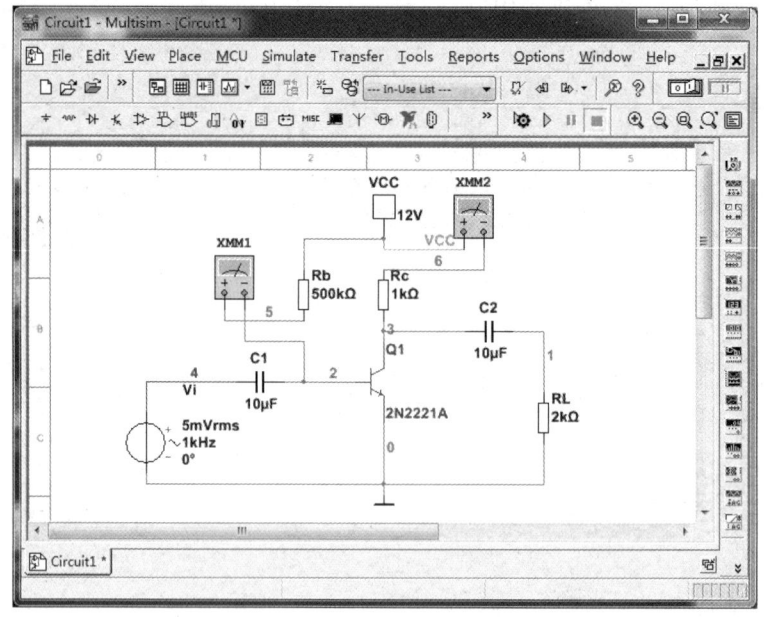

图 B.36 增加数字万用表

③ 设置仪表:分别双击 XMM1 和 XMM2 图标,打开数字万用表对话框,并将它们移至合适位置,将数字万用表的测量方式设置为测量直流电流,如图 B.37 所示。

④ 仿真测量:打开仿真开关,数字万用表即可显示出测量的 I_{BQ} 和 I_{CQ},如图 B.37 所示。

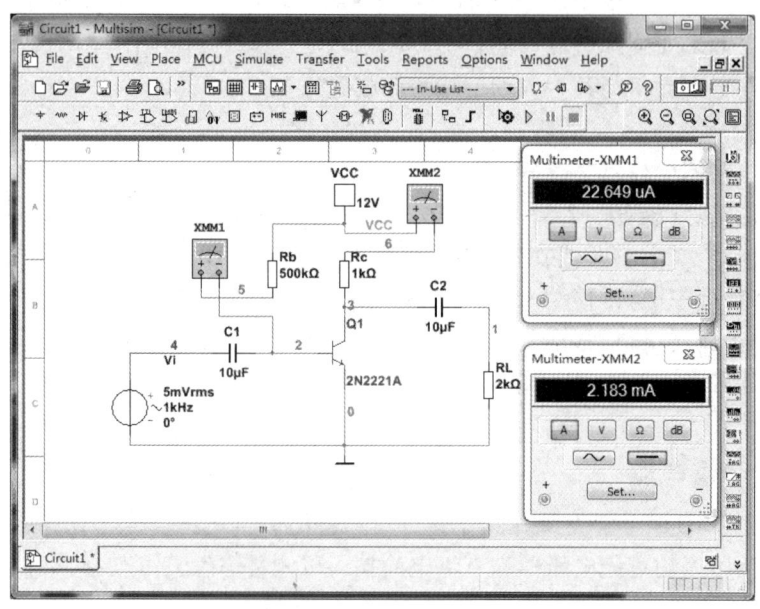

图 B.37 测量 I_{BQ} 和 I_{CQ}

应当指出,在实测电子电路某一支路的电流时,应通过测量该支路某电阻两端电位及其阻值,通过计算得出电流。可见,仿真测量与实际测量是有区别的,学习时应特别注意这种区别。

(2) 测量 U_{BEQ} 和 U_{CEQ}

① 增加数字万用表:取出两个数字万用表 XMM1 和 XMM2,分别放置到晶体管两侧。

② 仪表连线:删除电路中适当的连线,将 XMM1 并联到基极和发射极之间,将 XMM2 并联到集电极和发射极之间。

③ 设置仪表:分别双击 XMM1 和 XMM2 图标,打开数字万用表对话框,并将它们移至合适位置,将数字万用表的测量方式设置为测量直流电压,如图 B.38 所示。

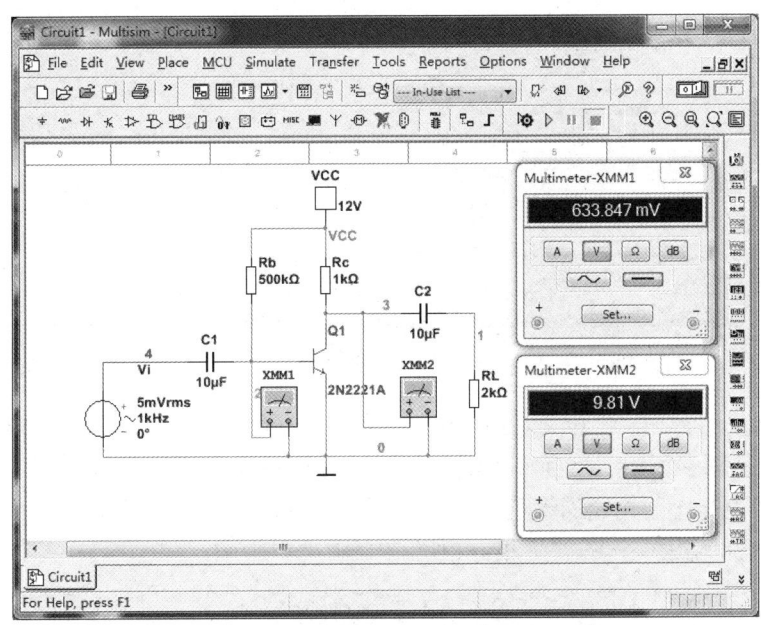

图 B.38　测量 U_{BEQ} 和 U_{CEQ}

④ 仿真测量:打开仿真开关,数字万用表即可显示出测量的 U_{BEQ} 和 U_{CEQ},如图 B.38 所示。

2. 用示波器观察电压波形及测量中频电压放大倍数

① 增加示波器:单击仪器仪表栏中的示波器按钮,移动光标至电路工作区的右侧后单击,示波器图标出现在电路工作区中。

② 示波器连线:将示波器图标上的 A 通道输入端子连接至信号源上端,将示波器图标上的 B 通道输入端子连接至输出端即 R_L 上端。示波器图标上的接地端子 G 既可以与电路中的地连接,也可以不连接。若不连接,则 Multisim 默认示波器接地端子 G 与电路中的地连接。

③ 改变连线颜色:右击 A 通道输入端子与信号源之间的连线,在弹出菜单中选择 Color 命令改变该连线的颜色,以区别于 B 通道输入端子与电路输出端的连线。加入示波器后的电路如图 B.39 所示。

④ 设置仪表:双击示波器图标,打开示波器对话框,并将它移至合适位置,将示波器扫描时间 Timebase 区块的 Scale 设置为 1ms/Div,Channel A 区块的 Scale 设置为 5mV/Div,Channel B 区块的 Scale 设置为 500mV/Div。

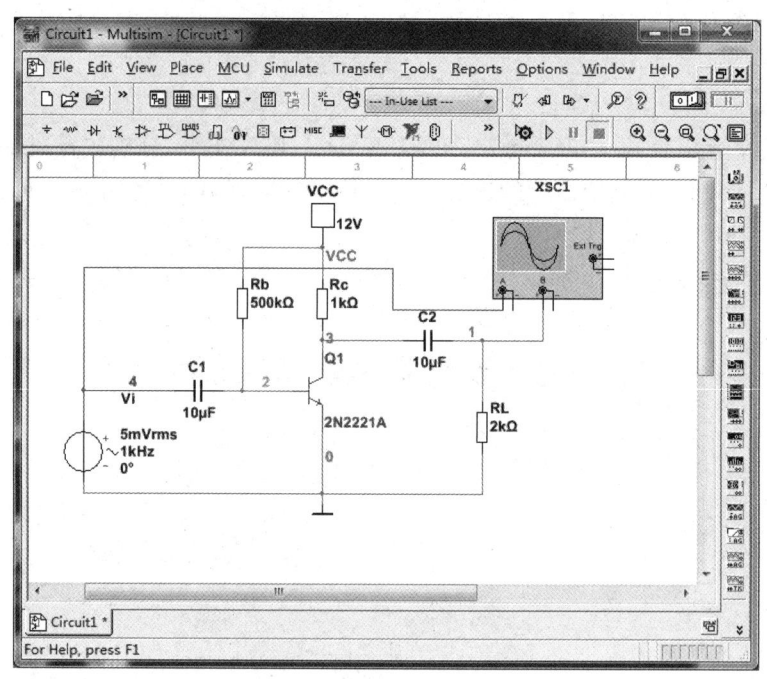

图 B.39　加入示波器后的电路

⑤ 仿真测量:打开仿真开关,在示波器上即可显示出输入电压和输出电压的波形,如图 B.40 所示。从图中可以观察到输入电压和输出电压的波形颜色分别与电路中设置的示波器 A 通道、B 通道与电路连线的颜色一致(扫二维码即可查看),容易区分。另外,由图中可以观察到输入电压和输出电压的波形相位相反。

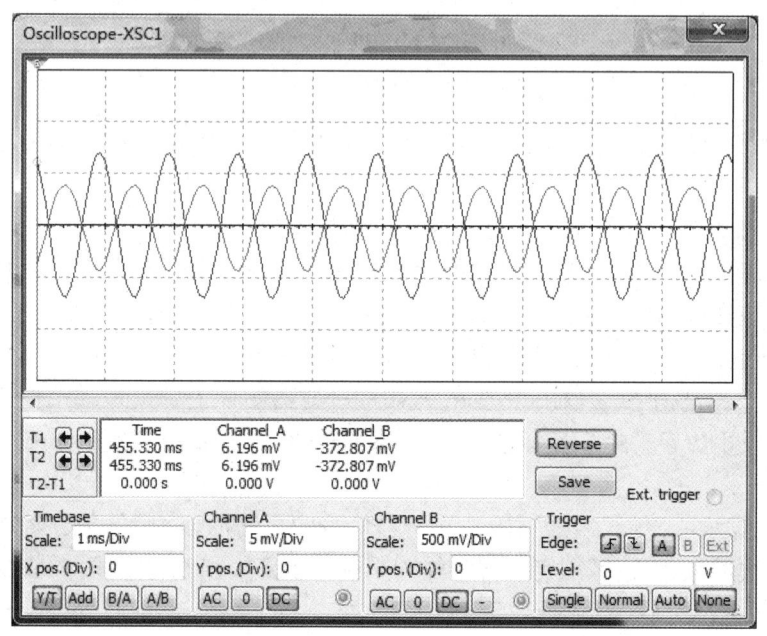

图 B.40　用示波器观察输入、输出信号波形

单击仿真开关右边的暂停按钮,分别移动示波器左、右两端的光标至输入波形和输出波形

的峰值点上,如图 B.41 所示。此时游标区 A、B 两通道的显示值即为输入波形和输出波形的峰值电压,由此即可计算出电压放大倍数。

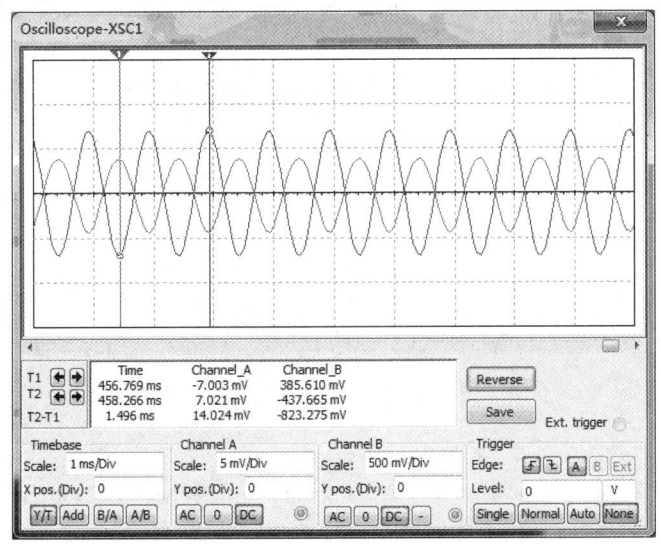

图 B.41　用示波器测量电压放大倍数

3. 用波特图仪观察电压放大倍数的频率特性

① 增加波特图仪:单击仪器仪表栏的波特图仪按钮,移动光标至电路工作区的右侧后单击,波特图仪图标出现在电路工作区中。

② 波特图仪连线:将波特图仪图标上的 IN 输入端子的＋端子连接至信号源上端,将波特图仪图标上的 OUT 输出端子的＋端子连接至输出端即 R_L 上端。

③ 改变连线颜色:右击 IN 输入端子的＋端子与信号源之间的连线,在弹出菜单中选择 Color 命令改变该连线的颜色,以区别于 OUT 输出端子的＋端子与电路输出端的连线。加入波特图仪后的电路如图 B.42 所示。

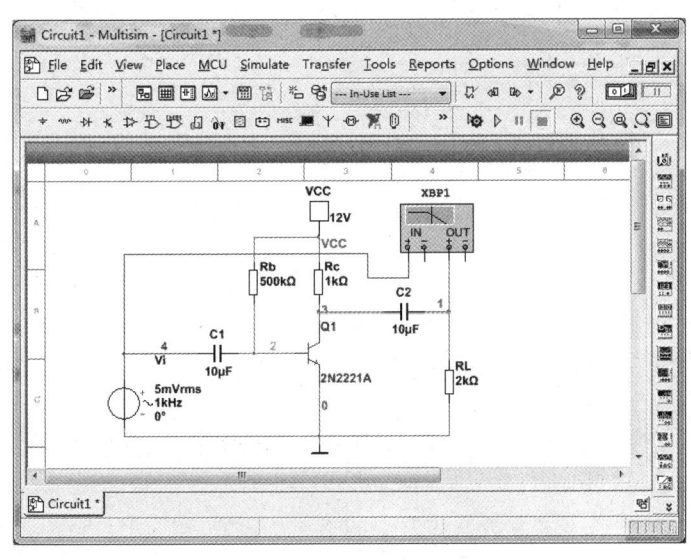

图 B.39 至
图 B.42
彩色效果

图 B.42　加入波特图仪后的电路

④ 观察仿真结果:双击波特图仪图标,打开波特图仪对话框,并将它移至合适位置。

观察幅频特性:单击"Magnitude"按钮,在 Horizontal 区块单击"Log"按钮采用线性刻度,将 F 字段设置为 10GHz,I 字段设置为 1mHz;在 Vertical 区块单击"Log"按钮采用对数刻度,将 F 字段设置为 100dB,I 字段设置为 −200dB。打开仿真开关,波特图仪左边显示屏中即可显示出电路的幅频特性,如图 B.43 所示。移动光标可测量出中频电压放大倍数的分贝值、上限截止频率和下限截止频率。

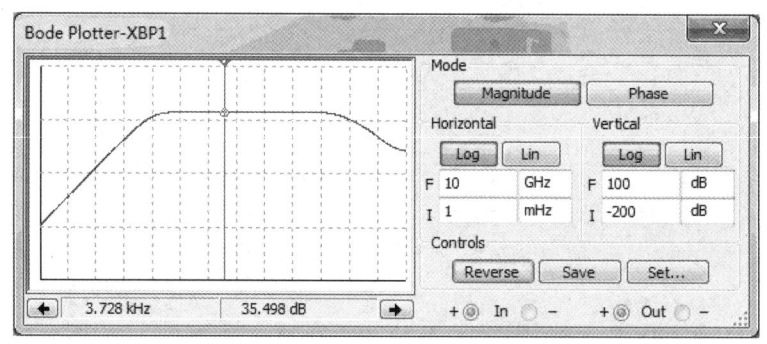

图 B.43　用波特图仪观察幅频特性

观察相频特性:单击"Phase"按钮,在 Horizontal 区块单击"Log"按钮采用对数刻度,将 F 字段设置为 10GHz,I 字段设置为 1mHz;在 Vertical 区块单击"Lin"按钮采用线性刻度,将 F 字段设置为 720Deg,I 字段设置为 −720Deg。打开仿真开关,波特图仪左边显示屏中即可显示出电路的相频特性,如图 B.44 所示。移动光标可测量各频率点的相位值。

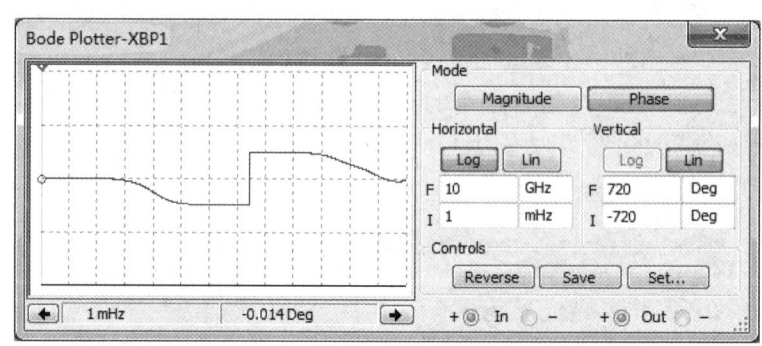

图 B.44　用波特图仪观察相频特性

三、分析电路

1. 用静态工作点分析方法分析晶体管各电极的直流电压

① 单击工具栏的"Analysis"按钮,选择 DC operating point analysis 方法,弹出如图 C.45 所示窗口。

② 在 Output 页中选择静态工作点相关量作为分析对象,如图 B.45 所示。

③ 单击"Simulate"按钮进行仿真,结果如图 B.46 所示。

2. 用交流分析观察电压放大倍数的频率响应

① 单击工具栏的"Analysis"按钮,选择 AC analysis 方法。

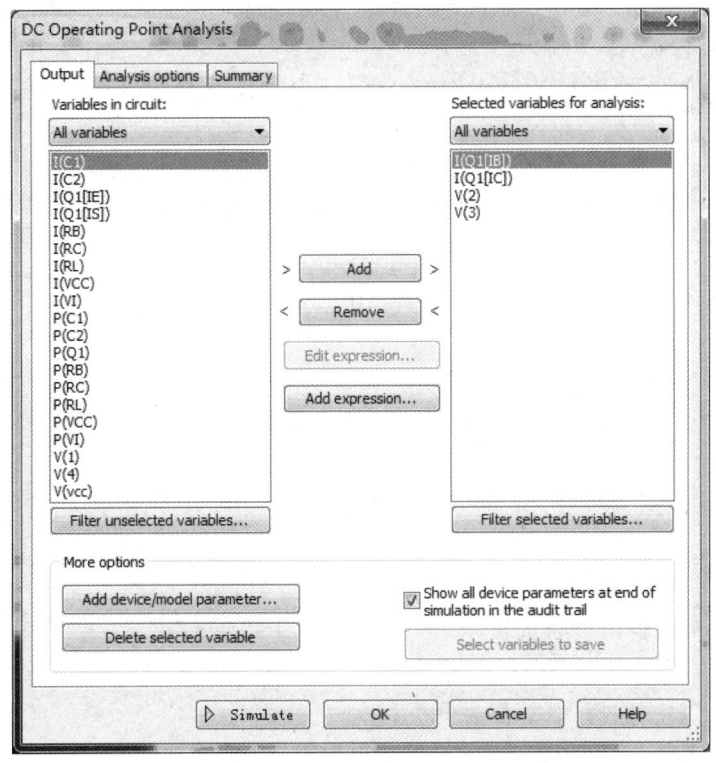

图 B.45　静态工作点分析的参数设置

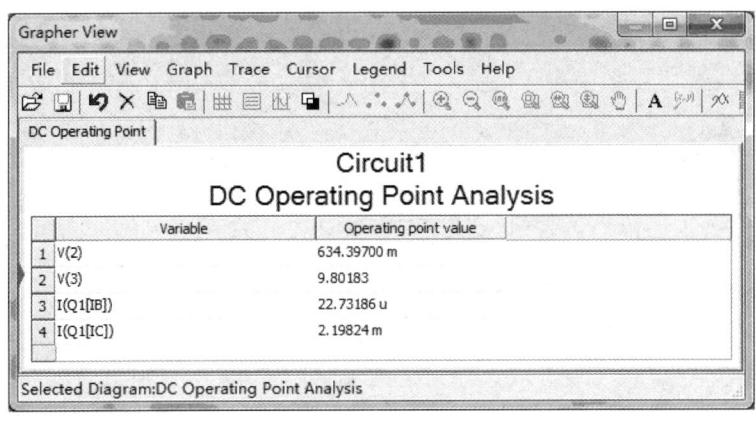

图 B.46　静态工作点分析结果

② 在 Frequency parameters 页中设置起始频率 Start frequency 为 1Hz,终止频率 Stop frequency 为 10GHz,扫描方式 Sweep type 设定为 Decade(十倍刻度扫描)、每十倍频率的采样数量 Number of points per decade 设定为 10,垂直刻度 Vertical scale 设定为 Linear(线性刻度)。

③ 在 Output 页中选择 V(1)作为分析对象。

④ 单击"Simulate"按钮进行,结果如图 B.47 所示。

⑤ 在结果图中单击"Show/Hide cursors"按钮 ，可以读取波形上各点的值。

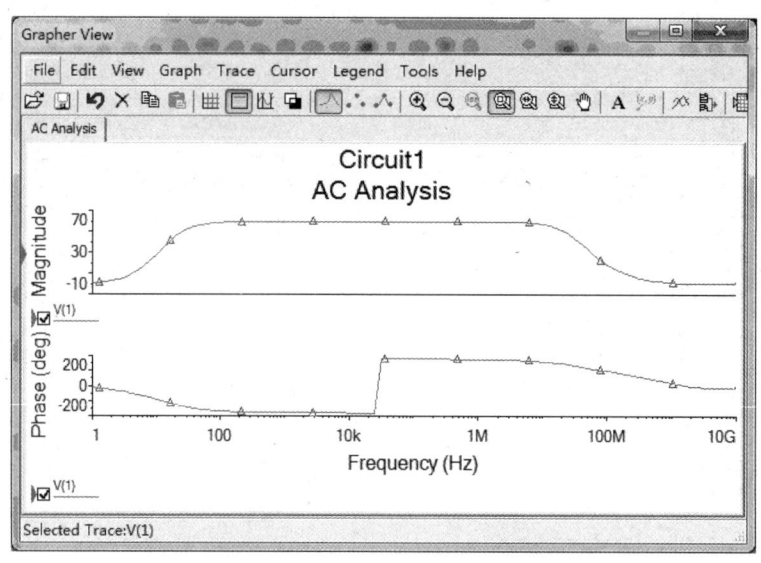

图 B.47　交流分析结果

3. 用瞬态分析观察输出电压波形并分析计算电压放大倍数

① 单击工具栏中的"Analysis"按钮,选择 Transient analysis 方法。

② 在 Output 页中选择 V(1)作为分析对象。

③ 单击"Simulate"按钮进行仿真,分析结果如图 B.48 所示。

④ 在结果图中单击"Show/Hide cursors"按钮 ,可以读取波形峰值,从而计算出电压放大倍数。

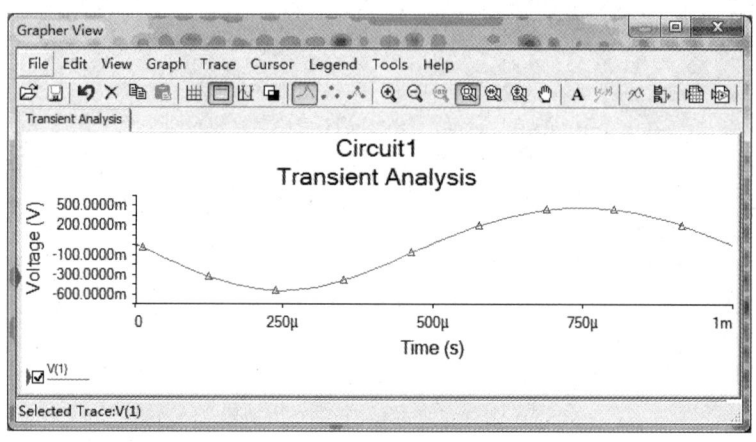

图 B.48　瞬时分析结果

4. 用传递函数分析计算输入阻抗和输出阻抗

① 单击工具栏的"Analysis"按钮,选择 Transfer function 方法。

② 在 Analysis parameters 页中选择 Input source 为直流电压源 V_{CC};选择 Voltage 项,其中输出节点 Output node 选择 V(3),参考节点 Output reference 选择 V(0)。

③ 单击"Simulate"按钮进行仿真,分析结果如图 B.49 所示。

5. 用直流扫描分析直流电源对晶体管基极电位的影响

① 单击工具栏的"Analysis"按钮,选择 DC sweep 方法。

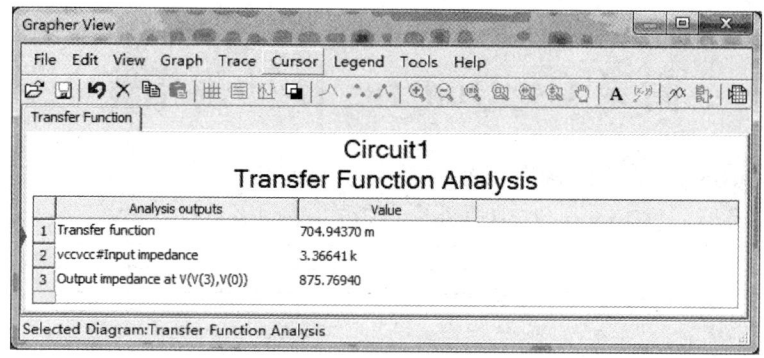

图 B.49　传递函数分析结果

② 在 Analysis parameters 页中选择电压源 Source 为 V_{CC}，选择起始电压值 Start value 为 0V，终止电压值 Stop value 为 12V，步长 Increment 为 0.1V。

③ 在 Output 页中选择 V(2) 作为扫描分析对象。

④ 单击"Simulate"按钮进行仿真，分析结果如图 B.50 所示。

⑤ 在结果图中单击"Show/Hide cursors"按钮，可以读取波形各点的值。

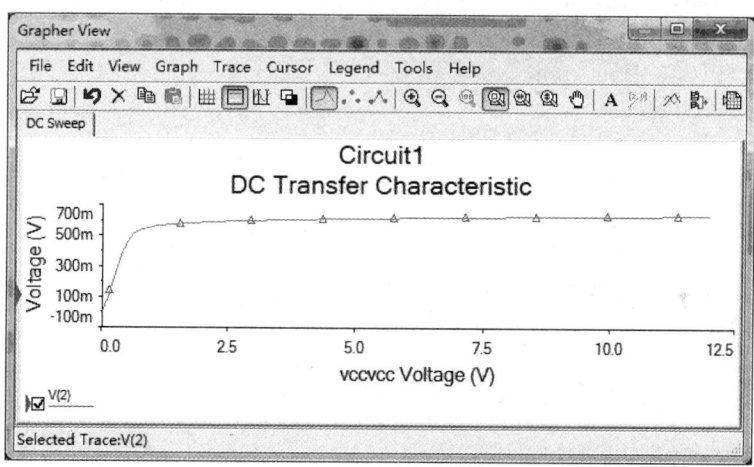

图 B.50　直流扫描分析结果

附录 C Quartus II 使用指南

下面以 Quartus II 13.0 为例介绍软件的安装及使用方法。完整的软件安装包应包括 Quartus II 软件及器件库 Device，其中器件库可以在 Quartus 官方网站下载，如图 C.1 所示。

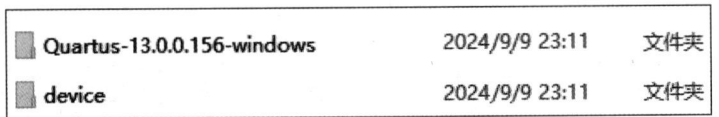

图 C.1 Quartus II 安装文件

1. Quartus II 软件安装

（1）解压缩软件安装包，以管理员身份运行可执行文件 setup，如图 C.2 所示，进入安装界面，根据引导，同意协议条款，单击"Next"按钮进入下一步。

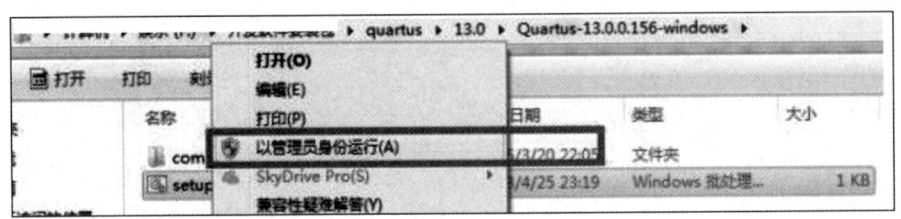

图 C.2 安装文件

（2）选择安装路径，默认安装在 C 盘，用户可根据情况自由选择，但是要注意：安装路径必须是纯英文路径，不能有中文字符，如图 C.3 所示。选择好安装路径后，单击"Next"按钮进入下一步。

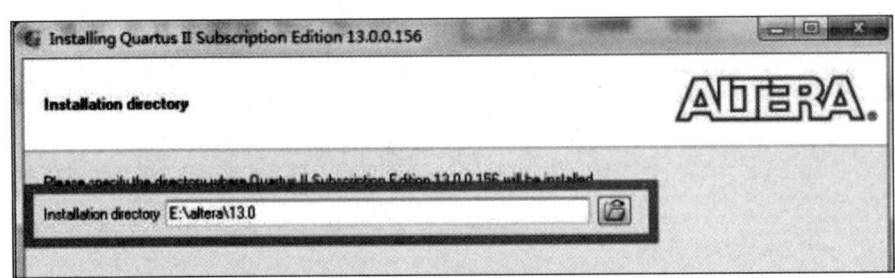

图 C.3 安装路径

（3）选择待安装的内容，如图 C.4 所示，其中第①项是 Quartus II 软件主文件，是必选项；第②项是软件 64 位支持系统，目前基本都是 64 位计算机，因此第②项必须选择；第③项是 Quartus II 帮助选项，在软件使用过程中遇到问题，会查询相关帮助，因此建议选装；第④项是 ModelSim-Altera 的仿真包，用于进行程序仿真，适合基础的学习和仿真，适合本实验课程使用，因此建议选装；如果需要进行复杂的程序仿真，则需要安装第⑤项。第⑥项为 DSP Builder，涉及与 MATLAB 软件联合使用以进行数字信号处理的开发，本实验课程不涉及，可不安装。选择完成后，单击"Next"按钮，进入下一步开始安装。

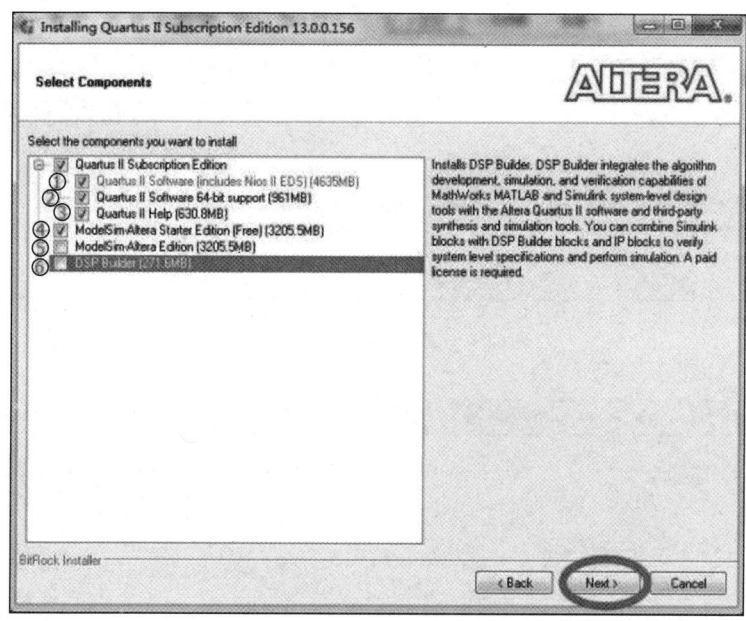

图 C.4　安装软件选择

安装全部完成后,会在计算机桌面上显示软件图标,如图 C.5 所示。

首次打开 Quartus II 软件需要输入 License,如图 C.6 所示,完成注册认证后就可以正常使用了。

C.5　软件图标

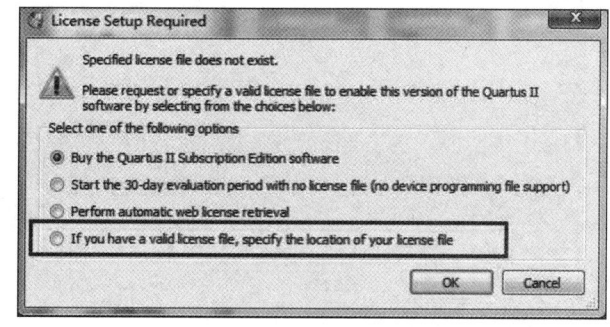

图 C.6　License 安装界面

2. 器件库安装

(1) 如果要进行硬件实验,必须安装硬件器件库,找到 Device 文件夹,运行可执行文件 Deviceinstall-13.0,进入器件库的安装程序,根据引导,单击"Next"按钮进入下一步。

(2) 选择器件安装路径。需要注意的是:这里的安装路径必须与 Quartus II 软件的安装路径一致,即应安装到 E:\altera\13.0\文件夹下,否则在 Quartus II 软件里无法找到器件,如图 C.7 所示,设置好后单击"Next"按钮进入下一步。

(3) 进入器件库的选择界面,如图 C.8 所示,器件库提供了 Cyclone 系列、MAX 系列、Stratix 系列的所有器件库,可根据实验所用到的 FPGA 芯片进行选择。选择好后,单击"Next"按钮进入下一步开始安装,直到安装结束。

至此,软件的安装部分已经全部完成,可以进行程序设计了。

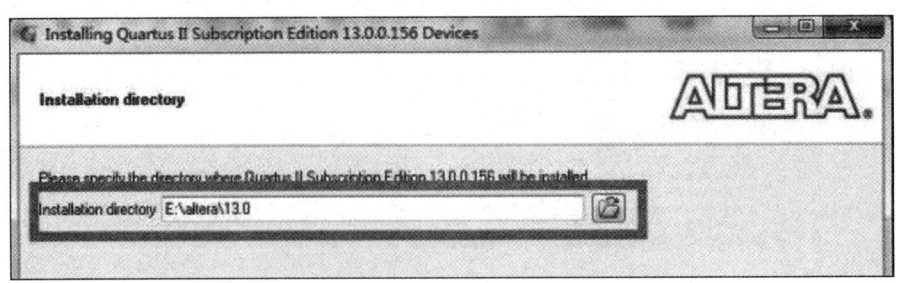

图 C.7 器件库安装路径选择

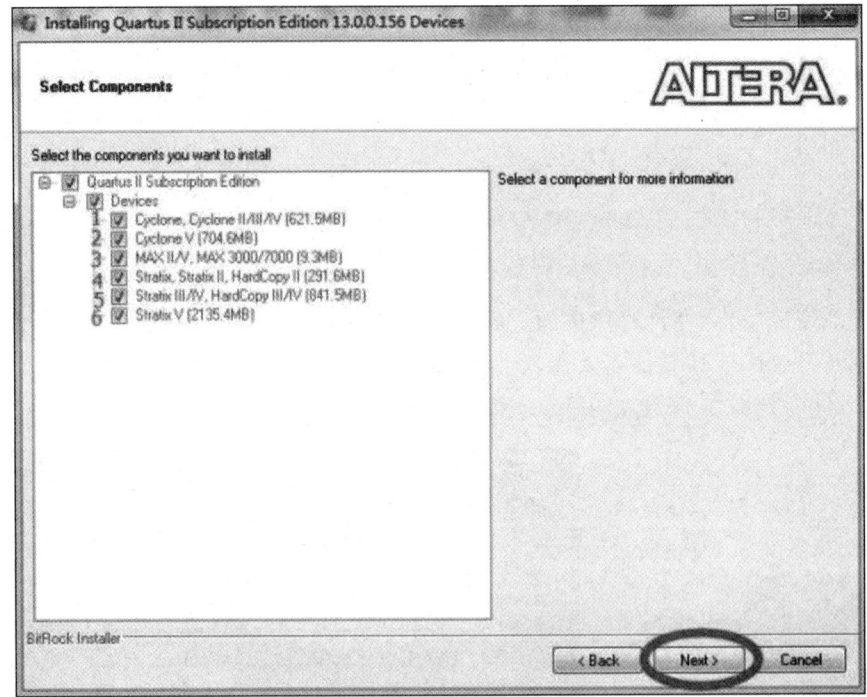

图 C.8 器件库选择

3. Quartus II 软件的程序设计

Quartus II 软件提供了多种程序设计方法,对初学者而言,最容易上手的是图形化编程,它是最接近电路的设计方法,而且程序更直观,对数字电路的学习有帮助。下面以组合逻辑电路为例介绍图形化编程的程序设计、仿真和硬件调试的流程及方法。

例如,设计一个组合逻辑电路,$Y=\overline{AB+BC}$。

1) 设计过程

(1) 创建项目

打开 Quartus II 软件,执行菜单命令"File/New Project Wizard",进入创建项目流程。

项目路径和项目名称设置。每一个项目都应创建一个单独的文件夹,项目名称和顶层设计名称必须保持一致,项目名称命名必须以字母开始,可包含数字。如图 C.9 所示,单击"Next"按钮进入下一步。

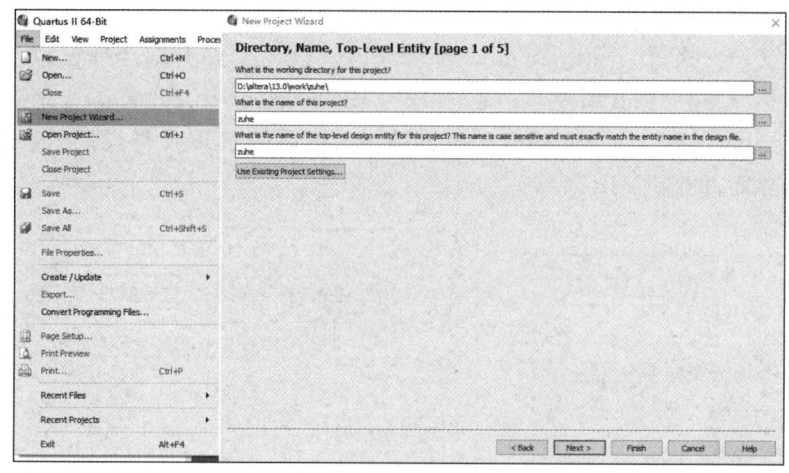

图C.9　项目路径和项目名称设置

添加设计文件和库函数。如图C.10所示,可以将之前设计好的,或者库函数添加到本项目中。本实例里没有要添加的文件,直接单击"Next"按钮进入下一步。

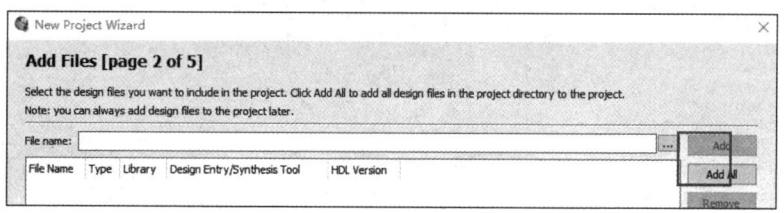

图C.10　添加设计文件和库函数

芯片型号指定。如图C.11所示,选择FPGA芯片,可根据实验箱上的FPGA芯片型号选择,本实例里选择CycloneII系列的EP2C8Q208C8。根据引导,单击"Next"按钮进入下一步,结束创建项目过程,进入程序设计流程。

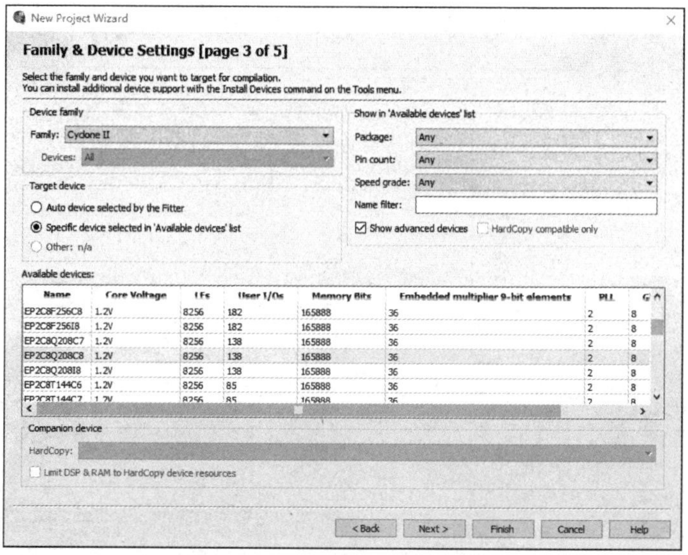

图C.11　FPGA芯片型号选择

(2) 程序设计

新建设计文件。执行菜单命令"File/New",进入设计文件类型选择窗口,如图 C.12 所示。设计文件类型包括 AHDL 文件、BDF 文件(Block Diagram/Schematic File,图形文件)、EDIF 文件、Verilog HDL 文件和 VHDL 文件等。这里采用 BDF 文件设计。单击"OK"按钮,进入图形编辑界面,如图 C.13 所示。

图 C.12　新建设计文件　　　　图 C.13　图形编程界面

设计电路。$Y=\overline{AB}+\overline{BC}$,电路包含非门、与非门、或非门等。在程序设计区双击,弹出电路器件选择界面,如图 C.14 所示,输入 input,查找输入引脚,单击"OK"按钮确认,将 input 放入程序设计区的合适位置。用同样的方法在程序设计区放置 3 个输入引脚,也可以长按 Ctrl 键,单击 input 并拖动,复制 2 个输入引脚。

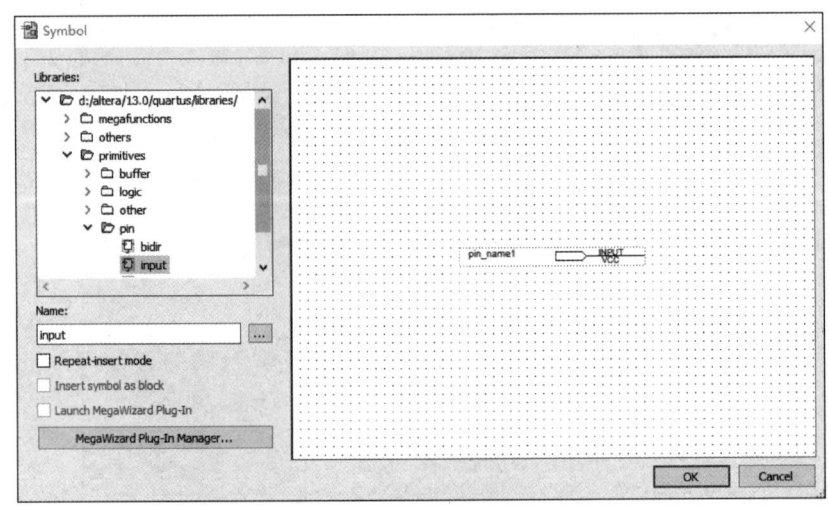

图 C.14　查找 input 引脚

重复上述过程,在器件选择界面中输入 nand2,查找与 2 输入非门;输入 not,查找非门;输入 nor2,查找 2 输入或非门;输入 output,查找输出引脚,并将它们都放置在程序设计区,本电路所需的所有输入、输出和门电路均以备齐,如图 C.15 所示。

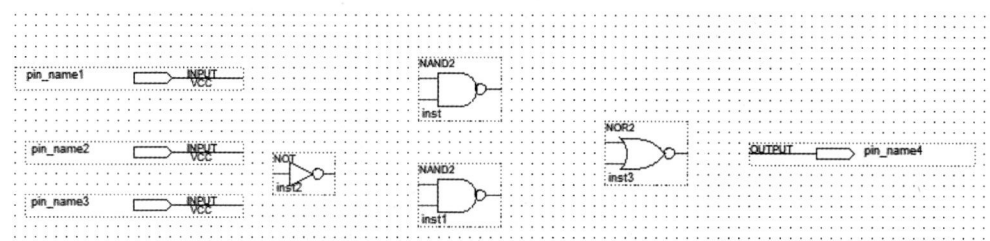

图 C.15 电路设计所需的所有元器件

将光标移动到门电路的输入和输出引脚上,光标会变成"十"字形,此时是连接线路模式,按住鼠标左键,将光标拖动到需要连接的第二个元器件的引脚上,松开鼠标,则完成线路的连接。根据逻辑函数表达式,依次连接好所有电路,如图 C.16 所示。

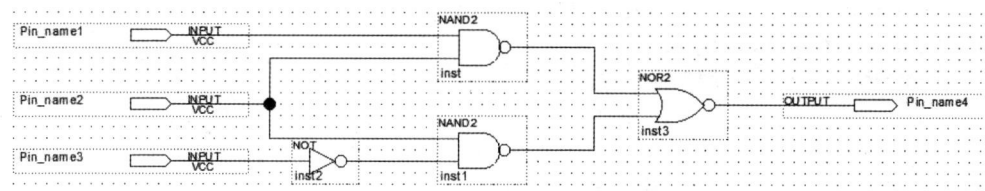

图 C.16 电路连接图

修改输入、输出引脚名称。双击 pin_name1,修改为 A,同理 pin_name2 修改为 B,pin_name3 修改为 C,pin_name4 修改为 Y,如图 C.17 所示。

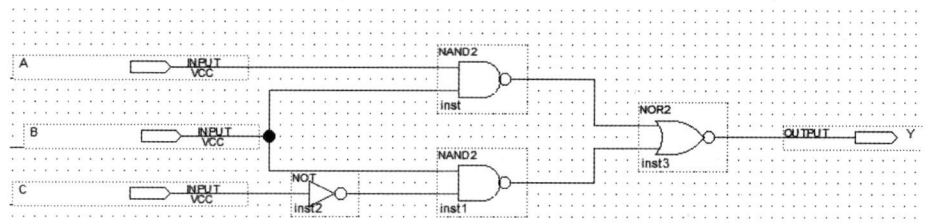

图 C.17 修改输入、输出引脚名称

至此,程序设计完成,保存设计文件。注意:该程序文件为顶层设计,故其保存时文件名必须与项目名称(见图 C.9)保持一致,否则程序编译时会提示缺少顶层设计文件,如图 C.18 所示。

2) 程序编译

对设计好的程序进行编译,检查错误,生成可执行文件。执行菜单命令"Processing/Start Compilation",或者直接单击"编译"图标进行编译,如图 C.19 所示。编译结果如图 C.20 所示,如果没有错误 errors,则编译成功,如果有 errors,则可以双击错误行(红色字体),查看错误提示,修改程序。

程序编译常见错误及解决办法见表 C.1。

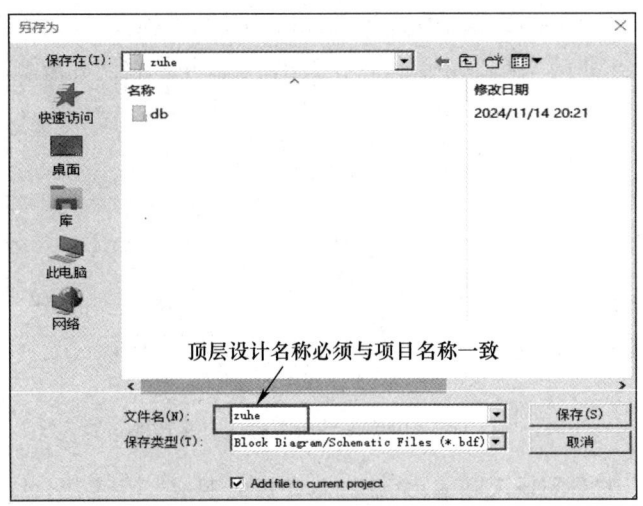

图 C.18 保存顶层设计文件

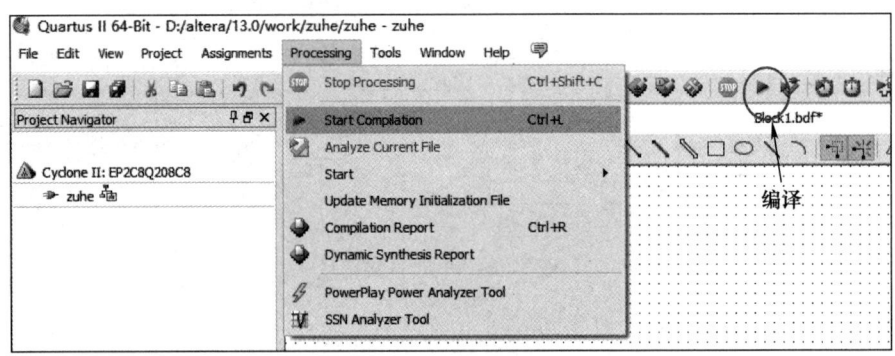

图 C.19 程序编译

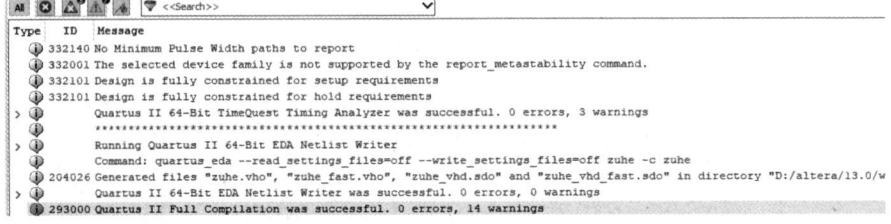

图 C.20 编译结果

表 C.1 程序编译常见错误及解决办法

序号	错误提示	解决办法
1	···invalid license···	软件没有注册授权,需注册
2	···license file does not support Device ···	软件没有注册授权,需注册
3	···instance 'inst' is already defined as a signal name···	两个元器件 instance name 一致,修改其中一个名称
4	···top level entity is not found···	缺少顶层设计文件,或修改顶层设计文件名称与项目名称保持一致

(续表)

序号	错误提示	解决办法
5	···Net IN1··· can not be assigned with more than one value	输入引脚有2个以上输入,检查电路,删除多余的输入,保证输入引脚只能有一个输入
6	···undefined entity 'xxx'···	程序调用了 xxx 模块,但是没找到该模块的源程序文件,需将 xxx 模块的源设计文件添加到本项目中
7	Node 'inst' is missing source	输入引脚缺少输入信号,需添加输入信号

3) 程序仿真

在程序编译没有错误之后,可以进行软件仿真,仿真的优点在于不依赖硬件可以实现过程参数的全跟踪,在硬件调试前将发现程序设计中的错误,以便检查电路功能是否实现。当程序最终输出未能达到预期时,可以逐个节点检查输出状态,从而快速查找错误源。软件仿真方法如下:

创建向量波形文件。执行菜单命令"File/New/University Program VWF"命令,如图C.21所示,单击"OK"按钮,进入软件仿真界面,如图C.22所示。

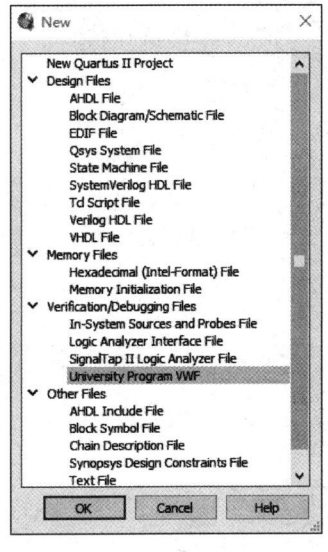

图 C.21 创建向量波形文件

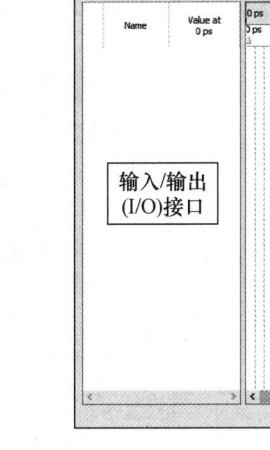

图 C.22 软件仿真界面

在输入/输出(I/O)接口区双击,弹出 I/O 接口查找界面,如图 C.23 所示,单击"Node Finder"按钮,进入选择 I/O 接口界面(见图 C.24),单击"List"按钮,如果程序编译没有错误,这里会显示程序中所有的 I/O 接口,如果列表里没有找到引脚,则说明程序编译有误或者程序未编译,需重新检查程序并编译。单击">>"按钮,选中所有引脚,单击"OK"按钮确认。

进入仿真引脚及其时序波形界面,其中左侧显示所有的输入、输出引脚,右侧显示其对应的时序图,如图 C.25 所示。仿真时间默认 $1\mu s$,可以根据需要进行修改,修改方法:执行菜单命令"Edit/Set End Time",更改仿真时长。仿真中,需要给定输入接口电平,输出无须设置。输入接口电平设置方法:在图 C.25 中,选择一个输入引脚,按住鼠标左键框选一个时间段,右击设置"Value"(电平值),电平值可选 Forcing High(1)(高电平 1)、Forcing Low(0)(低电平 0)、High Impedance(Z)(高阻态 Z)等,还可以设置 Overwrite Clock(固定周期信号)等。可以根据仿真需要,给所有引脚设置不同输入。如图 C.26 所示,设置了从 A、B、C 输入 000~111 的波形。

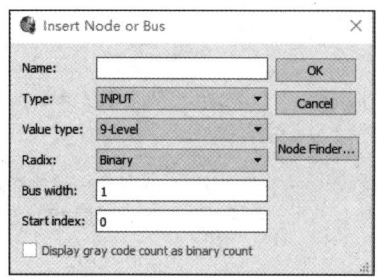

图 C.23 查找 I/O 接口

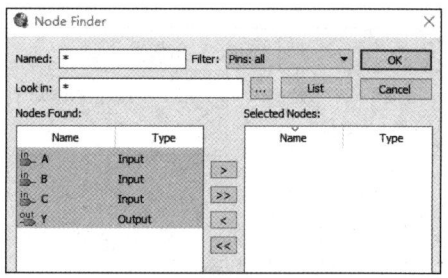

图 C.24 选择 I/O 接口

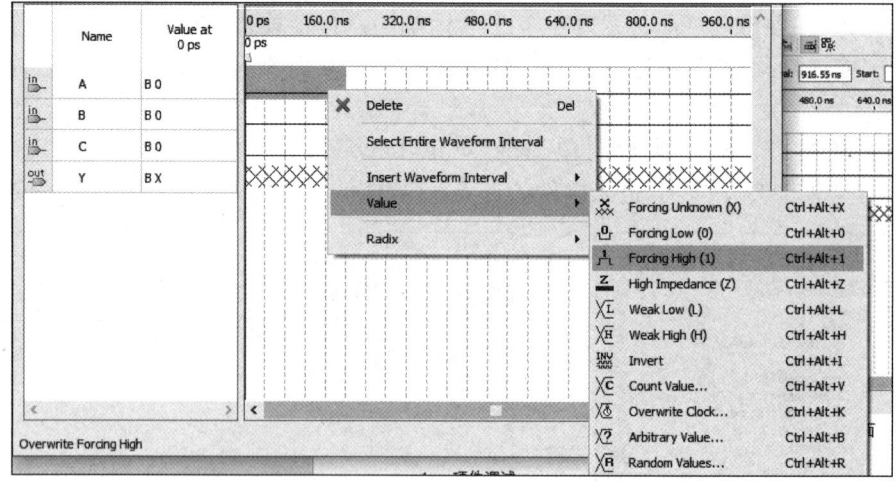

图 C.25 仿真引脚及其时序波形界面

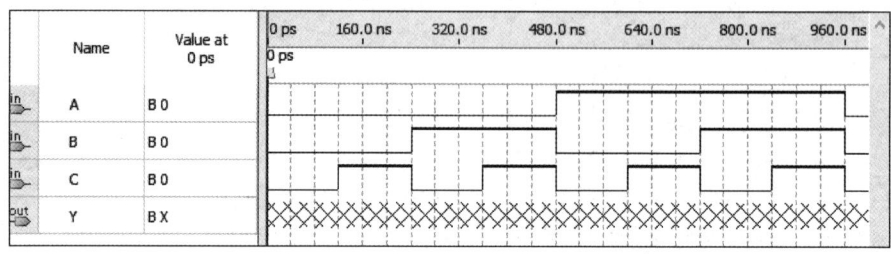

图 C.26 输入引脚时序波形图设置

设置完成后,调用仿真器进行仿真。对于初学者,Quartus Ⅱ 软件提供了两种仿真工具,执行菜单命令"Simulation/Options",从弹出窗口中进行选择,推荐选择 ModelSim,也可以选择 Quartus Ⅱ 自带的仿真器 QuartusⅡ Simulator,如图 C.27 所示。如果其中一种仿真工具仿真失败,可以尝试使用另一种仿真工具。之后执行菜单命令"Simulation/Run Functional Simulation"进行仿真。仿真完成后,弹出仿真结果,如图 C.28 所示。

4) 硬件调试

可以将设计好的程序烧写到 FPGA 实验板,连接 FPGA 实验板进行硬件调试。首先,需要安装程序烧写器驱动 USB-Blaster。用 USB 线连接计算机和 FPGA 实验板,在计算机的"设备管理器"中查找 USB-Blaster,双击安装驱动,选择从已知路径查找驱动,选择 Quartus 安装文件夹 altera\13.0\quartus\drivers 并确认,系统会自动查找驱动并安装。

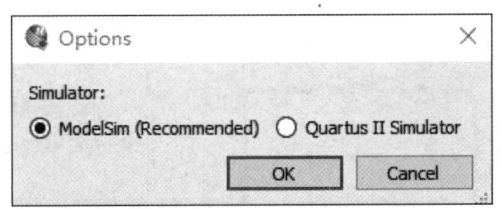

图 C.27　Quartus II 仿真工具选择

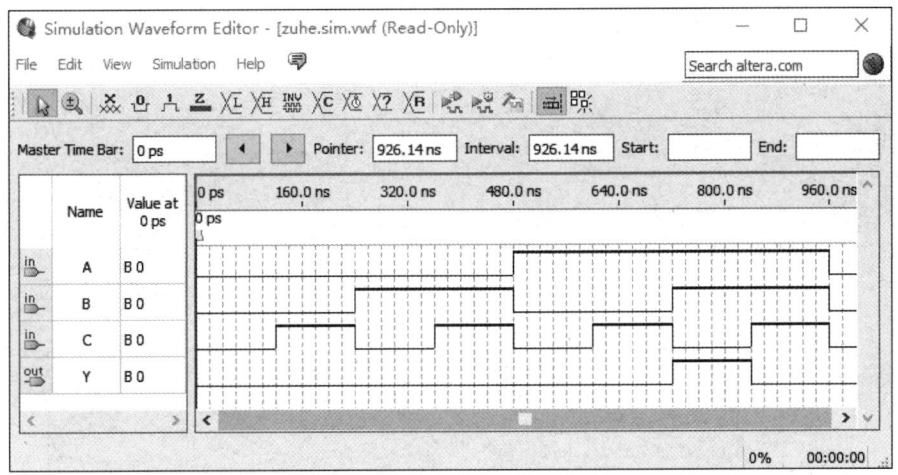

图 C.28　仿真结果

引脚分配。执行菜单命令"Assignments/Pin Plannar",或者单击 图标进入引脚分配界面,如图 C.29 所示。界面下方会显示本项目所有的 I/O 接口,并标示输入、输出方向。右上方会显示所采用的 FPGA 芯片。双击对应引脚的"Location"位置,输入引脚编号,完成引脚分配。注意:在配置引脚时,应根据实验箱上已有的引脚编号进行配置。配置完成后,关闭该界面,重新编译程序。

此过程常见的问题:① 如果右上方未能显示 FPGA 芯片,或是显示的芯片错误,则表明创建项目时未选择芯片或选择错误,可在"Project Navigator"里的项目名称上右击,在弹出菜单中选择"Device",设置 FPGA 芯片,如图 C.30 所示。②如果下方不显示 I/O 接口,则表明程序编译未成功或未编译,则需重新进行程序编译,成功后再次进行引脚分配。

程序烧写。执行菜单命令"Tools/Programmer",或者单击 图标进入程序烧写界面,如图 C.31 所示。其中,❶单击"Hardware Setup"按钮,用于选择程序烧写器,如果驱动已经安装好,则会显示 USB-Blaster,如果显示 No Hardware,则单击"Hardware Setup"按钮,查找驱动器,如没有,则说明烧写器驱动未安装,需提前安装好驱动。❷是程序编译后生成的 .sof 可执行文件,如果没有 .sof 文件,则可在"File"下方空白处双击,在弹出的 output files 文件夹里查找 .sof 文件,如果文件夹里没有,则说明程序编译失败,未能生成可执行文件,或是软件注册失败,需重新注册。❸是 FPGA 芯片型号,务必检查核对。当❶❷❸都没有问题时,可单击"Start"按钮开始程序烧写,如烧录成功,则界面右上方的"Progress"中会显示"100% Successful",如显示"Fail",则表明程序烧录失败,则需检查硬件 USB 连线是否连接、实验箱是否通电、❶❷❸是否有错误等,并修正。

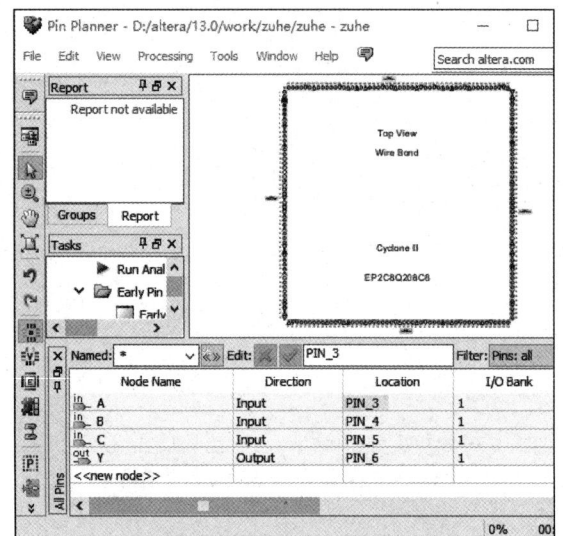

图 C.29　引脚分配　　　　　　　　　图 C.30　设置芯片型号

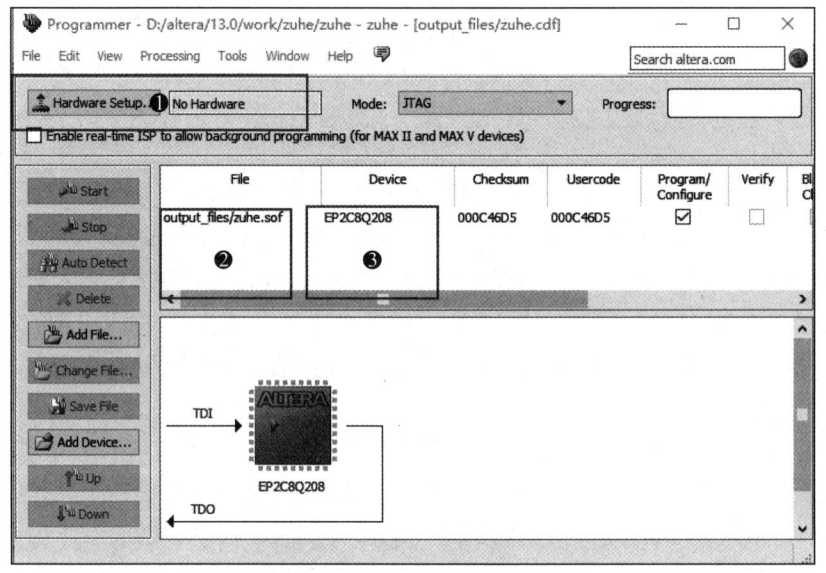

图 C.31　程序烧写界面

硬件调试。当程序烧录完成后,则根据分配的引脚在实验箱上找到 FPGA 对应的引脚,并用导线连接,其中输入引脚接逻辑开关,输出引脚接指示灯,这样就可以进行功能调试和试验结果测试。

附录 D 电路元器件简介

电子电路由无源元件和有源器件等组成。无源元件包括电阻、电容和电感,它们只能消耗或存储能量,而不能提供能量。有源器件包括电子管、晶体管和集成电路等,它们能将独立源的能量转换成电路中其他元件所需要的能量,简言之,它们能提供能量。为了能合理地选择和使用元器件,必须对它们的特性和规格有一个完整的了解。

D.1 电　　阻

一、电阻及电位器的命名方法

在选择电阻时,要查阅手册,寻找符合要求的型号。电阻的型号由一组字母和数字组合而成,一般分为7个部分,前3部分所表示的具体意义见表 D.1,第4~7部分分别用字母或数字表示序号、额定功率、标称阻值和允许误差等级。

表 D.1 电阻型号前3部分表示的意义

第一部分		第二部分		第三部分	
主称		材料		类别	
符号	意义	符号	意义	符号	意义
R	电阻	T	碳膜	1	普通
W	电位器	P	硼碳膜	2	普通
		U	硅碳膜	3	超高频
		H	合成膜	4	高阻
		I	玻璃釉膜	5	高温
		J	金属膜	6	精密
		Y	氧化膜	7	精密
		S	有机实芯	8	高压
		N	无机实芯	9	特殊
		X	线绕	G	高功率
		R	热敏	T	可调
		G	光敏	X	小型
		M	压敏	L	测量用
				W	微调
				D	多圈

示例:
(1) 精密金属膜电阻

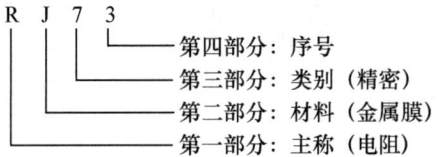

(2) 多圈线绕电位器

二、电阻的主要技术指标

1. 额定功率

电阻在电路中长时间连续工作不损坏，或不显著改变其性能所允许消耗的最大功率称为电阻的额定功率。电阻的额定功率并不是电阻在电路中工作时一定要消耗的功率，而是电阻在电路工作中所允许消耗的最大功率。不同类型的电阻具有不同系列的额定功率，见表 D.2。

表 D.2 电阻的功率等级

名 称	额定功率/W					
实芯电阻	0.25	0.5	1	2	5	—
线绕电阻	0.5	1	2	6	10	15
	25	35	50	75	100	150
薄膜电阻	0.025	0.05	0.125	0.25	0.5	1
	2	5	10	25	50	100

2. 标称阻值

阻值是电阻的主要参数之一。不同类型的电阻，其阻值范围不同；不同精度的电阻，其阻值系列也不同。电阻的标称值称为标称阻值，是指标准化了的电阻的阻值。标称阻值组成的系列称为标称阻值系列。根据国家标准，常用的标称阻值系列见表 D.3。E24、E12 和 E6 系列也适用于电位器和电容。

表 D.3 标称阻值系列

标称值系列	精度	电阻、电位器、电容标称值						
E24	±5%	1.0	1.1	1.2	1.3	1.5	1.6	1.8	2.0
		2.2	2.4	2.7	3.0	3.3	3.6	3.9	4.3
		4.7	5.1	5.6	6.2	6.8	7.5	8.2	9.1
E12	±10%	1.0	1.2	1.5	1.8	2.2	2.7	—	—
		3.3	3.9	4.7	5.6	6.8	8.2	—	—
E6	±20%	1.0	1.5	2.2	3.3	4.7	6.8	8.2	—

注：表中数值需乘以 10^n，其中 n 为正整数或负整数。

从表 D.3 可以看出，标称值系列中大部分不是整数。之所以这样规定，是为了保证在同一系列中相邻两个数中较小数的正偏差与较大数的负偏差彼此衔接或有重叠，从而任意阻值的电阻都可以从系列中找到。例如，在 E24 系列中，6.2 的正偏差是 $6.2\times(1+5\%)=6.51$，6.8 的负偏差是 $6.8\times(1-5\%)=6.46$，在 6.46～6.51 之间有一段重叠。若需要 649Ω 的电阻，就可以在标称阻值为 6.2×10^2Ω 和 6.8×10^2Ω 的电阻中挑选。

3. 允许误差等级

电阻的允许误差等级见表 D.4。

表 D.4　电阻的允许误差等级

允许误差/%	±0.001	±0.002	±0.005	±0.01	±0.02	±0.05	±0.1
等级符号	E	X	Y	H	U	W	B
允许误差/%	±0.2	±0.5	±1	±2	±5	±10	±20
等级符号	C	D	F	G	J(Ⅰ)	K(Ⅱ)	M(Ⅲ)

三、电阻的标识方法

1. 文字符号直标法

文字符号直标法是指用阿拉伯数字和文字符号两者有规律的组合来表示标称阻值、额定功率、允许误差等级等。文字符号前面的数字表示整数阻值,后面的数字依次表示第一位小数阻值和第二位小数阻值,其文字符号所表示的单位见表 D.5。如 1R5 表示 1.5Ω,2K7 表示 2.7kΩ。

表 D.5　文字符号直标法所表示的单位

文字符号	R	K	M	G	T
表示单位	欧姆(Ω)	千欧姆(10^3Ω)	兆欧姆(10^6Ω)	千兆欧姆(10^9Ω)	兆兆欧姆(10^{12}Ω)

例如:

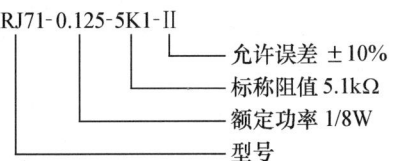

由此可知,它是精密金属膜电阻,额定功率为 1/8W,标称阻值为 5.1kΩ,允许误差为 ±10%。

2. 色标法

色标法是将电阻的类别及主要技术参数的数值用颜色(色环或色点)标注在它的外表面上。色标电阻(色环电阻)有三环、四环、五环 3 种标法,其含义见表 D.6、表 D.7。

表 D.6　两位有效数字阻值的色标法

颜色	第一位有效数字	第二位有效数字	倍率	允许误差
黑	0	0	10^0	
棕	1	1	10^1	
红	2	2	10^2	
橙	3	3	10^3	
黄	4	4	10^4	
绿	5	5	10^5	
蓝	6	6	10^6	
紫	7	7	10^7	
灰	8	8	10^8	
白	9	9	10^9	−20%～+50%
金			10^{-1}	±5%
银			10^{-2}	±10%

图例:

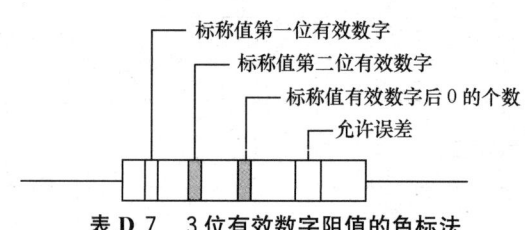

表 D.7　3 位有效数字阻值的色标法

颜色	第一位有效数字	第二位有效数字	第三位有效数字	倍率	允许误差
黑	0	0	0	10^0	
棕	1	1	1	10^1	±1%
红	2	2	2	10^2	±2%
橙	3	3	3	10^3	
黄	4	4	4	10^4	
绿	5	5	5	10^5	±0.5%
蓝	6	6	6	10^6	±0.25
紫	7	7	7	10^7	±0.1%
灰	8	8	8	10^8	
白	9	9	9	10^9	
金				10^{-1}	
银				10^{-2}	

图例:

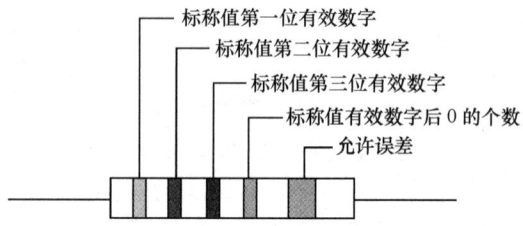

三色环电阻的色环表示标称阻值(允许误差均为 20%)。例如,色环为棕黑红,表示 $10×10^2$(=1.0kΩ)±20%的电阻。

四色环电阻的色环表示标称阻值(两位有效数字)及精度。例如,色环为白棕红金,表示 $91×10^2$(=9.1kΩ)±5%的电阻。

五色环电阻的色环表示标称阻值(3 位有效数字)及精度。例如,色环为黄紫黑棕棕,表示 $470×10^1$(=4.7kΩ)±1%的电阻。

一般四色环电阻表示允许误差的色环的特点是该环离其他环的距离较远。较标准的表示应是表示允许误差的色环的宽度是其他色环的 1.5～2 倍。

有些色环电阻由于厂家生产不规范,无法用上面的特征判断,这时只能借助万用表判断。

四、电位器的主要技术指标

1. 额定功率

电位器的两个固定端上允许耗散的最大功率称为电位器的额定功率。使用中,应注意额定功率不等于中心抽头与固定端的功率。

2．标称阻值

标在产品上的阻值，其系列与电阻的系列类似。

3．允许误差等级

实测阻值与标称阻值误差范围根据不同精度等级可允许±20％、±10％、±5％、±2％、±1％的误差。精密电位器的精度可达±0.1％。

4．阻值变化规律

电位器的阻值变化规律指阻值随滑动片触点旋转角度（或滑动行程）之间的变化关系，这种变化关系可以是任何函数形式，常用的有直线式、对数式和反转对数式（指数式）。

在使用中，直线式电位器适合用作分压器；反转对数式（指数式）电位器适合用作收音机、录音机、电视机中的音量控制器。维修时若找不到同类产品，可用直线式电位器代替，但不宜用对数式电位器代替。对数式电位器只适合用作音调控制等。

五、电位器的一般标识方法

例如：

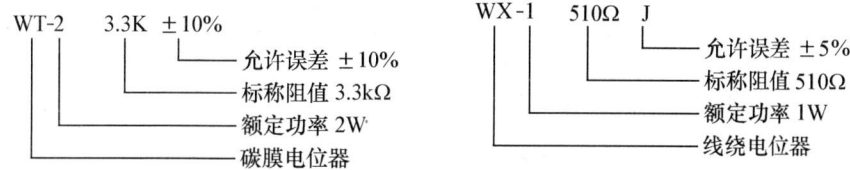

D.2 电　　容

一、电容的型号命名方法

电容型号的命名方法与电阻类似，也是由一组字母和数字组合而成的，前3部分表示的具体意义见表D.8（其中第三部分数字代表的意义见表D.9），第4～7部分分别表示电容器的序号、耐压、标称容量和允许误差等级。

表D.8　电容型号前3部分表示的意义

第一部分		第二部分		第三部分	
主称		材料		类别	
符号	意义	符号	意义	符号	意义
C	电容	C	高频瓷	1～9的数字	见表D.9
		T	低频瓷	T	铁电
		I	玻璃釉	W	微调
		O	玻璃膜	J	金属化
		Y	云母	X	小型
		V	云母纸	S	独石
		Z	纸介	D	低压

（续表）

第一部分		第二部分		第三部分	
主称		材料		类别	
符号	意义	符号	意义	符号	意义
C		J	金属化纸	M	密封
		B	聚苯乙烯等非有机薄膜	Y	高压
		L	涤纶等极性有机薄膜	C	穿心式
		Q	漆膜	G	高功率
		H	纸膜复合		
		D	铝电解		
		A	钽电解		
		G	金属电解		
		N	铌电解		
		E	其他材料电解		

表 D.9 电容第三部分数字代表的意义

种类	1	2	3	4	5	6	8	9
瓷片电容	圆片	管形	叠片	独石	穿心	支柱	高压	
云母电容	非密封	非密封	密封	密封			高压	
有机电容	非密封	非密封	密封	密封	穿心	高压	特殊	
电解电容	箔式	箔式	烧结粉液体	烧结粉固体		无极性		特殊

示例：

（1）铝电解电容

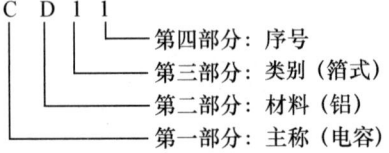

（2）圆片形瓷介电容

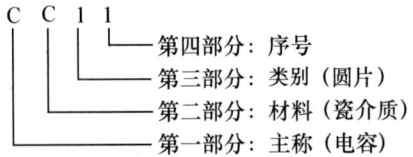

（3）金属化纸介电容

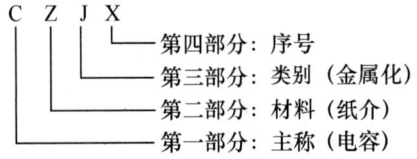

二、电容的分类

电容的种类很多。按其电容量是否可以调节,分为固定电容、可变电容和半可变电容;按介质材料的不同,可分为纸介电容、金属化纸介电容、薄膜电容、云母电容、瓷介电容、电解电容等。电解电容又可分为铝电解、钽电解、金属电解等。

一般来说,电解电容的电容量较大,有极性(这一点在使用时应特别注意);纸介和金属化纸介电容次之;其他形式的电容的电容量都较小,无极性。

三、电容的主要技术指标

1. 耐压

电容的耐压是指最大工作直流电压,耐压系列为(单位:V)6.3,10,16,25,32*,40,50*,63,100,125,160,250,300*,400,450,500,630,…,带"*"者只限电解电容使用。

2. 准确度和标称值

电容的准确度用实际电容量与标称电容量之间偏差的百分数来表示。电容的允许误差一般分为7个等级,每个等级对应的允许误差见表D.10。

表 D.10 电容的允许误差等级

级别	02	I	II	III	IV	V	VI
允许误差	±2%	±5%	±10%	±20%	+20% −30%	+50% −20%	+100% −10%

常用固定式电容的电容量标称系列见表D.11。标称电容量为表中所列数值之一或表中数值再乘以10的整数次幂。

表 D.11 电容量标称系列

名 称	允许误差	电容量范围	标称电容量系列
纸介电容	±5%	100pF~1μF	1.0 1.5 2.2 2.3 4.7 6.8
金属化纸介电容	±5%		
纸膜复合介质电容	±10%	1~100μF	1 2 4 6 8 10 15 20 30 50 60 80 100
低频(有极性)有机薄膜介质电容	±20%		
高频(无极性)有机薄膜介质电容	±5%		E24
瓷片电容	±10%		E12
玻璃釉电容	+20%		E6
云母电容	±20%以上		E6
铝电解电容	±10%		
钽电解电容	±20%		1,1.5,2.2,3.3, 4.7,6.8
铌电解电容	−20%~+50%		
钛电解电容	−10%~+100%		

电容量表示方法一般有直接表示法、数码表示法和色环表示法。

(1) 直接表示法

通常用表示数量的字母 m(10^{-3})、μ(10^{-6})、n(10^{-9})和 p(10^{-12})加上数字组合表示。例如，4n7 表示 $4.7×10^{-9}$ F = 4700pF，47n 表示 $47×10^{-9}$ F = 47000pF = 0.047μF，6p8 表示 6.8pF。另外，有时在数字前冠以 R，如 R33，表示 0.33μF；有时用大于 1 的 4 位数字表示，单位为 pF，如 2200 表示 2200pF；有时用小于 1 的数字表示，单位为 μF，如 0.22 为 0.22μF。

(2) 数环表示法

一般用 3 位数字来表示电容量的大小，单位为 pF。前两位为有效数字，后一位表示倍率，即乘以 10^i，i 是第三位数字。若第三位数字为 9，则乘以 10^{-1}。如 223 代表 $22×10^3$ pF = 22000pF = 0.022μF，又如 479 代表 $47×10^{-1}$ pF = 4.7pF。这种表示方法最为常见。

(3) 色环表示法

这种表示法与电阻的色标法类似。色环一般只有 3 种颜色，前两环为有效数字，第三环为倍率，单位为 pF。有时色环较宽，如红红橙，两个红色环涂成一个宽环，表示 22000pF。

3. 绝缘电阻

电容的绝缘电阻是指加到电容上的直流电压和漏电流的比值。理想电容的绝缘电阻应为无穷大。电容的绝缘电阻决定于所用介质的质量和几何尺寸。如果绝缘电阻值低，会使漏电流加大，介质损耗增加，破坏电路的正常工作状态，严重时会造成电容发热，破坏电介质的特性，导致电容击穿，甚至爆裂。

非电解电容的绝缘电阻值很大，一般为 $10^6 \sim 10^{12}$ Ω。

4. 损耗

理想电容是没有能量损耗的，而实际上，在电场的作用下，总有部分电能转化成热能，从而形成损耗。损耗包括金属极板损耗和介质损耗，而小功率电容主要是介质损耗。

电容的技术指标在一般要求不高的场合，主要考虑前两项指标。

四、常用电容

1. 瓷介电容

瓷介电容的主要特点是介质损耗较低，电容量对温度、频率、电压和时间的稳定性都比较好，且价格低廉，应用广泛。瓷介电容可分为低压小功率和高压大功率两种。低压小功率电容有瓷片电容、瓷管电容、瓷介独石电容，主要用于高频、低频电路中。高压大功率瓷片电容可制成鼓形、瓶形、板形等形式，主要用于电力系统的功率因数补偿、直流功率变换等电路中。

2. 云母电容

云母电容以云母为介质，具有耐压范围宽、可靠性高、性能稳定、容量精度高等优点，可广泛用于高温、高频、脉冲、高稳定性电路中。但云母电容的生产工艺复杂，成本高，体积大，电容量有限。

3. 有机薄膜电容

最常见的有机薄膜电容有涤纶电容和聚苯乙烯电容。涤纶电容体积小，电容量范围大，耐热、耐潮性能好。

4. 电解电容

电解电容的介质是很薄的氧化膜，电容量可以做得很大，一般标称电容量为 1～1000μF。电解电容有正极和负极之分，使用时应保证正极电位高于负极电位；否则电解电容的漏电流增大,导致电容过热损坏,甚至爆裂。

电解电容的损耗比较大,性能受温度影响较大,高频特性较差。电解电容的品种主要有铝电解电容、钽电解电容和铌电解电容。铝电解电容的价格便宜,电容量可以做得比较大,但性能较差,寿命短,一般用在要求不高的去耦、耦合和电源滤波电路中。后两种电解电容的性能要优于铝电解电容,主要用于温度变化范围大,对频率性能要求高,对产品稳定性、可靠性要求严格的电路中。但这两种电容价格较高。

电容的种类繁多,性能各异,合理选择电容是十分重要的。在具体选用电容时,应注意以下问题:

① 根据电路要求选择合适的电容型号。一般用于耦合、旁路时,可选用纸介电容;在高频电路中,应选择云母或瓷介电容;在电源滤波电路中,应选择电解电容。

② 电容的额定电压。电容的额定电压应高于电容两端实际电压的1~2倍。尤其对于电解电容,一般应使电路的实际电压相当于所选额定电压的50%~70%,这样才能发挥电解电容的作用。

③ 电容的精度等级。某些电子电路,要求高精度的电容,如时间控制等;而对于大多数电路,一般没有必要选用高精度电容,这样可以降低电路成本。

④ 电容的损耗正切角($\tan\delta$)。电容的$\tan\delta$值相差很大,尤其对高频电路或对信号相位要求严格的电路,电容的$\tan\delta$值大小对电路的性能影响较大,一般希望$\tan\delta$值越小越好。

D.3 电　　感

电感(也称线圈)因为使用不够广泛,因此没有系列化产品。市场上只能买到仅在特殊场合下使用的产品,如收音机中使用的中周变压器、电视机中使用的各种电感及在测量上使用的标准电感等。使用时,一般要根据要求自己设计、自己制作或到市场上加工定制。

电感是用漆包线或纱包线绕成,其间可插入铁磁体的一种元件。根据构造不同,可分为空芯电感、铁氧体芯电感、铁芯电感和铜芯电感等;根据电感量是否可调,可分为固定式电感和可调式电感。

一、电感的主要技术指标

① 电感量:在没有非线性导磁物质存在的条件下,一个载流线圈的磁通量与线圈中的电流成正比,其比例常数称为自感系数,简称为电感,用 L 表示,即

$$L = \frac{\Phi}{I}$$

式中,Φ 为磁通量;I 为电流强度。

电感量由线圈的圈数 N、截面积 S、长度 l、介质磁导率 μ 决定,当线圈长度远大于直径时,电感量为 $L = \mu N^2 S/l$。

电感的精确度由其用途决定,一般调谐电路线圈的精确度高,而耦合线圈、扼流线圈的精确度低。

② 品质因数:由于线圈存在电阻,电阻越大,其性能越差。对具有铁芯的线圈,将引入插入损耗,影响线圈的性能。当用在调谐电路中时,线圈的品质因数决定着调谐电路的谐振特性和效率,因此要求它的品质因数为50~300。耦合线圈的品质因数小得多。滤波用的线圈,对

品质因数的要求不高。

电感的品质因数定义为

$$Q = \frac{\omega L}{R}$$

式中,ω 为工作角频率,L 为电感量,R 为线圈的总损耗电阻。

③ 固有电容:线圈的圈与圈之间具有分布电容,在工作频率较高时,分布电容及其损耗将影响线圈的特性,严重的甚至使其失去电感作用。因此,固有电容是有害的,常采用特殊绕法减小固有电容。

④ 额定电流:是指线圈中允许通过的最大电流。

⑤ 线圈的损耗电阻:是指线圈的直流损耗电阻。

二、电感量的标识方法

① 直接表示法。方法与电容的表示方法相同,单位可以为 H(亨利)、mH(毫亨)、μH(微亨)。

② 数码表示法。方法与电容的表示方法相同。

③ 色码表示法。这种表示法与电阻的色标法相似,色环一般有 4 种颜色,前两种颜色为有效数字,第三种颜色为倍率,单位为 μH,第四种颜色是允许误差。

D.4 二极管和三极管

一、半导体器件型号的命名方法

半导体器件的型号命名通常由 5 部分组成,各部分所代表的意义见表 D.12。

表 D.12 半导体器件的型号及各部分所代表的含义

第一部分		第二部分		第三部分		第四部分	第五部分
用数字表示器件的电极数目		用字母表示器件的材料和极性		用字母表示器件的类型		用数字表示器件的序号	用字母表示器件的规格号
符号	意义	符号	意义	符号	意义		
2	二极管	A	N 型锗材料	P	普通管		
		B	P 型锗材料	W	稳压管		
		C	N 型硅材料	Z	整流管		
		D	P 型硅材料	K	开关管		
3	三极管	A	PNP 型锗材料	X	低频小功率		
		B	NPN 型锗材料	G	高频小功率		
		C	PNP 型硅材料	D	低频大功率		
		D	NPN 型硅材料	A	高频大功率		
		E	化合物材料				

示例：

(1) 锗材料 PNP 型低频大功率三极管　　(2) 硅材料 NPN 型高频小功率三极管

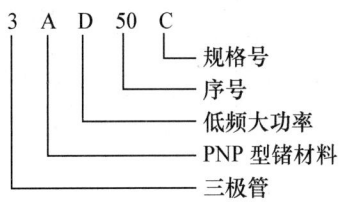
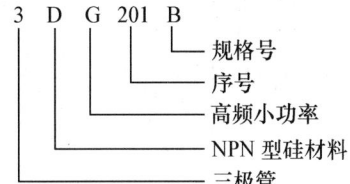

(3) N 型硅材料稳压二极管

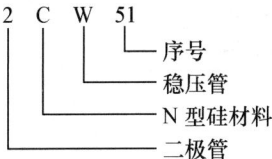

二、二极管

1. 二极管的分类

二极管按其用途分为普通二极管和特殊二极管。普通二极管包括整流二极管、检波二极管、稳压二极管、开关二极管、快速二极管等；特殊二极管包括变容二极管、发光二极管、隧道二极管、触发二极管等。

(1) 常用二极管型号及性能（见表 D.13）。

表 D.13　常用二极管型号及性能

类型	型号	最大整流电流/mA	正向电流/mA	正向压降（在左栏电流值下）/V	反向击穿电压/V	最高反向工作电压/V	反向电流/μA	零偏压电容/pF	反向恢复时间/ns
普通检波二极管	2AP9	≤16	≥2.5	≤1	≥40	20	≤250	≤1	≥500
	2AP7		≥5		≥150	100			
	2AP11	≤25	≥10	≤1		≤10	≤250	≤1	≥500
	2AP17	≤15	≥10			≤100			
锗开关二极管	2AK1		≥150	≤1	30	10		≤3	≤200
	2AK2				40	20			
	2AK5		≥200	≤0.9	60	40		≤2	≤150
	2AK10		≥10	≤1	70	50			≤150
	2AK13		≥250	≤0.7	60	40		≤2	
	2AK14				70	50			

· 177 ·

(续表)

类型	型号	最大整流电流/mA	正向电流/mA	正向压降(在左栏电流值下)/V	反向击穿电压/V	最高反向工作电压/V	反向电流/μA	零偏压电容/pF	反向恢复时间/ns
硅开关二极管	2CK70A~E		≥10	≤0.8	A≥30 B≥45 C≥60 D≥75 E≥90	A≥20 B≥30 C≥40 D≥50 E≥60	≤1	≤1.5	≤3
	2CK71A~E		≥20						≤4
	2CK72A~E		≥30						≤5
	2CK73A~E		≥50						
	2CK74A~D		≥100						
	2CK75A~D		≥150						
	2CK76A~D		≥200						
整流二极管	2CZ52B~H	2	0.1	≤1		25~600		同2AP普通检波二极管	
	2CZ53B~M	6	0.3	≤1		50~1000			
	2CZ54B~M	10	0.5	≤1		50~1000			
	2CZ55B~M	20	1	≤1		50~1000			
	2CZ56B~M	65	3	≤0.8		25~1000			
	1N4001~4007	30	1	1.1		50~1000	5		
	1N5391~5399	50	1.5	1.4		50~1000	10		
	1N5400~5408	200	3	1.2		50~1000	10		

(2)常用格式整流器型号及性能(见表D.14)。

表D.14 常用桥式整流器型号及性能

型号	不重复正向浪涌电流/A	整流电流/A	正向电压降/V	反向漏电流/μA	反向工作电压/V	最高工作结温/℃
QL1	1	0.05	≤1.2	≤10	常见的分挡为:25,50,100,200,400,500,600,700,800,900,1000	130
QL2	2	0.1				
QL4	6	0.3				
QL5	10	0.5				
QL6	20	1				
QL7	40	2		≤15		
QL8	60	3				

(3) 常用稳压二极管型号及性能(见表 D.15)。

表 D.15 常用稳压二极管型号及性能

型号	工作电流为稳定电流时的稳定电压/V	稳定电压下的稳定电流/mA	环境温度<50℃时的最大稳定电流/mA	反向漏电流/μA	稳定电流下的动态电阻/Ω	稳定电流下的电压温度系数/(10^{-4}/℃)	环境温度<10℃时的最大耗散功率/W
2CW51	2.5～3.5	10	71	≤5	≤60	≥-9	0.25
2CW52	3.2～4.5	10	55	≤2	≤70	≥-8	0.25
2CW53	4～5.8	10	41	≤1	≤50	-6～4	0.25
2CW54	5.5～6.5	10	38	≤0.5	≤30	-3～5	0.25
2CW56	7～8.8	10	27	≤0.5	≤15	≤7	0.25
2CW57	8.5～9.8	10	26	≤0.5	≤20	≤8	0.25
2CW59	10～11.8	5	20	≤0.5	≤30	≤9	0.25
2CW60	11.5～12.5	5	19	≤0.5	≤40	≤9	0.25
2CW103	4～5.8	50	165	≤1	≤20	-6～4	1
2CW110	11.5～12.5	20	76	≤0.5	≤20	≤9	1
2CW113	16～19	10	52	≤0.5	≤40	≤11	1
2CW1A	5	30	240		≤20		1
2CW6C	15	30	70		≤8		1
2CW7C	6.0～6.5	10	30	≤10		0.05	0.2

(4) 常用变容二极管型号及性能(见表 D.16)。

表 D.16 常用变容二极管型号及性能

型号	最高反向电压 U_{RM}/V	反向电流 I_B/μA	结电容 C_g/pF (U_R=4V)	电容变化范围/pF (U_R=0～U_{RM})	零偏压品质因数 Q	电容温度系数 $α$/℃
2CC1C	25V	≤1.0	70～110	240～42	≥250	$5×10^{-4}$
2CC1D	25V	≤1.0	30～70	125～20	≥300	$5×10^{-4}$

2. 二极管的主要参数

① 反向饱和电流 I_S:指在二极管两端加入反向电压时流过二极管的电流,该电流与半导体材料和温度有关。在常温下,硅管为纳安(10^{-9}A)级,锗管为微安(10^{-6}A)级。

② 额定整流电流 I_F:指二极管长期运行时,根据允许温升折算出来的平均电流值。目前大功率整流二极管的 I_F 值可达到1000A。

③ 最高反向工作电压 U_{RM}:指为避免击穿所能加的最大反向电压。目前 U_{RM} 可达几千伏。

④ 最高工作频率 f_M:由于 PN 结电容的存在,当工作频率超过某一值时,它的单向导电性将变差。点接触式二极管的 f_M 较高,在 100MHz 以上;整流二极管的 f_M 较低,一般不高于几千赫兹。

⑤ 反向恢复时间 t_{rr}:指二极管由导通突然反向时,反向电流由很大衰减到接近 I_S 时所需的时间。当大功率开关二极管工作在高频状态时,此项指标很重要。

3. 常用二极管的特点

(1) 整流二极管

整流二极管的结构主要是平面接触型,其特点是允许通过的电流比较大,反向击穿电压比较高,但 PN 结电容比较大,一般广泛应用于频率不高的电路中,如整流电路、钳位电路、保护电路等。整流二极管在使用中主要考虑的问题是最大整流电流和最高反向工作电压应大于实际工作中的值。

(2) 快速二极管

快速二极管主要应用于高频整流电路、高频开关电源、高频阻容吸收电路、逆变电路等,其反向恢复时间可达 10ns。快速二极管主要包括肖特基二极管和快恢复二极管。肖特基二极管是由金属与半导体接触形成的势垒层为基础制成的二极管,其主要特点是正向导通压降小(约 0.45V),反向恢复时间短,开关损耗小。但目前肖特基二极管存在的问题是耐压比较低,反向漏电流比较大。肖特基二极管应用在高频低压电路中是比较理想的。快恢复二极管在制造上采用掺金、单纯的扩散等工艺,可获得较高的开关速度,同时能得到较高的耐压。目前快恢复二极管主要应用在逆变电源中作为整流元件,高频电路中的限幅、钳位等。

(3) 稳压二极管

稳压二极管是利用 PN 结反向击穿特性所表现出的稳压性能制成的器件。稳压二极管的主要参数有:

① 稳压值 U_Z,指当流过稳压管的电流为某一规定值时稳压管两端的压降。目前各种型号的稳压管的稳压值在 2~200V,以供选择。

② 电压温度系数 $\dfrac{dU_Z}{dT}$。稳压管在稳压值 U_Z 低于 4V 时,其温度系数为负值;当 U_Z 大于 7V 时,其温度系数为正值;而 U_Z 在 6V 左右时,其温度系数近似为零。目前低温度系数的稳压管是由两只稳压管反向串联而成的,利用两只稳压管处于正、反向工作状态时具有正、负不同的温度系数,可得到很好的温度补偿。例如,2DW7 型稳压管是稳压值为 ±(6~7)V 的双向稳压管。

③ 动态电阻 r_Z。动态电阻表示稳压管稳压性能的优劣,一般工作电流越大,r_Z 越小。

④ 允许功耗 P_Z,由稳压管允许达到的温升决定。

⑤ 稳定电流 I_Z,测试稳压管参数时所加的电流。

稳压管的最主要用途是稳定电压。在要求精度不高、电流变化范围不大的情况下,可选与需要的稳压值最为接近的稳压管直接同负载并联。其存在的缺点是噪声系数较高,稳定性较差。

(4) 发光二极管(LED)

发光二极管的伏安特性与普通二极管类似,所不同的是当发光二极管正向偏置时,正向电流达到一定值时能发出某种颜色的光。根据在 PN 结中所掺杂的材料不同,发光二极管可发出红、绿、黄等颜色的光。

在使用发光二极管时应注意以下两点。

① 若用直流电源电压驱动发光二极管,在电路中一定要串联限流电阻,以防止通过发光二极管的电流过大而烧坏管子。发光二极管的正向导通压降为 1.2~2V(可见光发光二极管为 1.2~2V,红外线发光二极管为 1.2~1.6V)。

② 发光二极管的反向击穿电压比较低,一般仅有几伏。因此当用交流电压驱动发光二极管时,可在发光二极管两端反极性并联整流二极管,使其反向偏压不超过 0.7V,以便保护发光二极管。

三、三极管

1. 三极管的分类

三极管也称双极型晶体管,其种类非常多。按材料可分为硅管和锗管两类,三极管按导电类型可分为 NPN 型和 PNP 型;按集电结耗散功率的大小可分为小功率管(P_{CM}<1W)和大功率管(P_{CM}>1W);按使用的频率范围可分为低频管(f_T<3MHz)和高频管(f_T>3MHz)。

2. 三极管的主要参数

① 共射电流放大系数 β:β 值一般为 20~200,它是表征三极管电流放大作用的最主要参数。

② 反向击穿电压 $U_{(BR)CEO}$:指基极开路时加在 c 和 e 两极间电压的最大允许值,一般为几十伏,高压大功率管可达千伏以上。

③ 最大集电极电流 I_{CM}:指由于三极管集电极电流 I_C 过大使 β 值下降到规定允许值时的电流(一般指 β 值下降到 2/3 正常值时的 I_C 值)。实际管子在工作时超过 I_{CM} 并不一定损坏,但管子的性能将变差。

④ 最大管耗 P_{CM}:指根据三极管允许的最高结温而确定的集电结最大允许耗散功率。在实际工作中,三极管的 I_C 与 U_{CE} 的乘积要小于 P_{CM} 值,反之则可能烧坏管子。

⑤ 穿透电流 I_{CEO}:指在三极管基极电流 I_B=0 时流过集电极的电流 I_C。它表明基极对集电极电流失控的程度。小功率硅管的 I_{CEO} 约为 $0.1\mu A$,锗管的值要比它大 1000 倍,大功率硅管的 I_{CEO} 约为毫安数量级。

⑥ 特征频率 f_T:指三极管的 β 值下降到 1 时所对应的工作频率。f_T 的典型值为 100~1000MHz,实际工作频率 $f<\frac{1}{3}f_T$。

3. 常用三极管的性能

(1) 9011~9018 塑封硅三极管的参数(见表 D.17)。

表 D.17 9011~9018 塑封硅三极管的参数

型号	极限参数			直流参数			交流参数		类型	引脚
	P_{CM} /mW	I_{CM} /mA	$U_{(BR)CEO}$ /V	$I_{CEO}/\mu A$ 最大值	U_{CES}/V 最大值	β 最小值	f_T/MHz 最小值	C_{ob}/pF 最大值		
9011						28				
D						28				
E						39				
F	400	30	30	0.2	0.3	54	150	1.5	NPN	C B E
G						72				
H						97				
I						132				

(续表)

型号	极限参数			直流参数			交流参数		类型	引脚
	P_{CM}/mW	I_{CM}/mA	$U_{(BR)CEO}$/V	$I_{CEO}/\mu A$ 最大值	U_{CES}/V 最大值	β 最小值	f_T/MHz 最小值	C_{ob}/pF 最大值		
9012	625	500	−20	1	0.6	64	150		PNP	
D						64				
E						78				
F						96				
G						112				
H						144				
9013	625	500	20	1	0.6	64	50		NPN	
D						64				
E						78				
F						96				
G						112				
H						144				
9014	450	100	45	1	0.3	60	150	3.5	NPN	
A						60				
B						100				
C						200				
D						400				
9015	450	100	−45	1	0.7	60	100	7	PNP	
A						60				
B						100				
C						200				
9016	400	25	20	1	0.3	28	400	1.6	NPN	
D						28				
E						39				
F						54				
G						72				
H						97				
I						132				
9017	400	50	15	0.1	0.5	28	1100	1.7	NPN	
D						28				
E						39				
F						54				
G						72				
H						97				
I						132				

（2）3DG100(3DG6)NPN 型硅高频小功率三极管的参数（见表 D.18）。

表 D.18　3DG100(3DG6)NPN 型硅高频小功率三极管的参数

	原型号	3DG6				测试条件
	新型号	3DG100A	3DG100B	3DG100C	3DG100D	
极限参数	P_{CM}/mW	100	100	100	100	
	I_{CM}/mA	20	20	20	20	
	$U_{(BR)CEO}$/V	≥20	≥30	≥20	≥30	$I_C=100\mu A$
直流参数	$I_{CEO}/\mu A$	≤0.1	≤0.1	≤0.1	≤0.1	$U_{CE}=10V$
	U_{CES}/V	≤1	≤1	≤1	≤1	$I_C=10mA, I_B=1mA$
	h_{FE}	≥30	≥30	≥30	≥30	$U_{CE}=10V, I_C=3mA$
交流参数	f_T/MHz	≥150	≥150	≥300	≥300	$U_{CB}=10V, I_E=3mA, f=100MHz, R_L=5\Omega$
	C_{ob}/pF	≤4	≤4	≤4	≤4	$U_{CB}=10V, I_E=0$
h_{FE}色标分挡		（红）30～60，（绿）50～110，（蓝）90～160，（白）>150				
引脚						

（3）3DG130(3DG12)NPN 型硅高频小功率三极管的参数（见表 D.19）。

表 D.19　3DG130(3DG12) NPN 型硅高频小功率三极管的参数

	原型号	3DG12				测试条件
	新型号	3DG130A	3DG130B	3DG130C	3DG130D	
极限参数	P_{CM}/mW	700	700	700	700	
	I_{CM}/mA	300	300	300	300	
	$U_{(BR)CEO}$/V	≥30	≥45	≥30	≥45	$I_C=100\mu A$
直流参数	$I_{CEO}/\mu A$	≤1	≤1	≤1	≤1	$U_{CE}=10V$
	U_{BES}/V	≤1	≤1	≤1	≤1	$I_C=100mA, I_B=10mA$
	h_{FE}	≥30	≥30	≥30	≥30	$U_{CE}=10V, I_C=50mA$
交流参数	f_T/MHz	≥150	≥150	≥300	≥300	$U_{CB}=10V, I_E=50mA, f=100MHz, R_L=5\Omega$
	C_{ob}/pF	≤10	≤10	≤10	≤10	$U_{CB}=10V, I_E=0$
h_{FE}色标分挡		（红）30～60，（绿）50～110，（蓝）90～160，（白）>150				
引脚						

4. 使用三极管应注意的事项

① 使用三极管时，不得有两项以上的参数同时达到极限值。

② 焊接时,应使用低熔点焊锡。引脚引线不应短于 10mm,焊接动作要快,每根引脚焊接时间不应超过 2s。

③ 三极管在被焊入电路时,应先接通基极,再接入发射极,最后接入集电极。拆下时,应按相反次序,以免烧坏管子。在电路通电的情况下,不得断开基极引线,以免损坏管子。

④ 使用三极管时,要固定好,以免因震动而发生短路或接触不良,并且不应靠近发热元件。

⑤ 功率三极管应加装足够大的散热器。

D.5 数字集成电路

一、集成电路型号命名

集成电路的型号通常由 5 部分组成,其 5 个组成部分的符号及意义见表 D.20。

表 D.20 集成电路的符号及意义

第零部分		第一部分		第二部分	第三部分		第四部分	
用字母 C 表示		用字母表示器件的类型		用阿拉伯数字和字母表示器件的系列及品种代号	用字母表示器件的工作温度范围		用字母表示器件的封装形式	
符号	意义	符号	意义		符号	意义	符号	意义
C	中国制造	T	TTL 电路		C	0～70℃	W	陶瓷扁平
		H	HTL 电路		E	−40～85℃	B	塑料扁平
		E	ECL 电路				F	全密封扁平
		C	CMOS 电路				D	陶瓷双列直插
		F	线性放大器		R	−55～85℃	P	塑料双列直插
		D	音响、电视电路				J	黑陶瓷扁平
		W	稳压器		M	−55～125℃	K	金属菱形
		J	接口电路				T	金属圆形
		B	非线性电路					
		M	存储器					
		U	微型电路					

示例:

(1) 肖特基 TTL 双 4 输入与非门 CT74S20ED

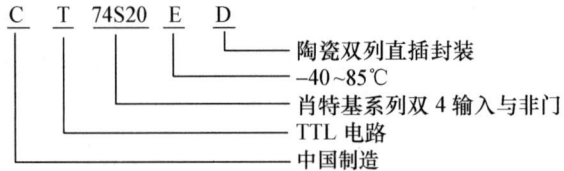

(2) CMOS8 选 1 数据选择器(三态输出)CC4512MF

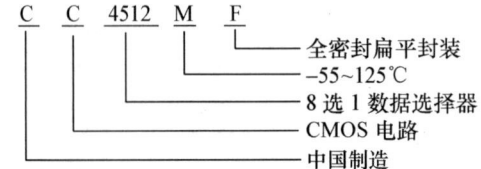

（3）通用运算放大器 CF0741CT

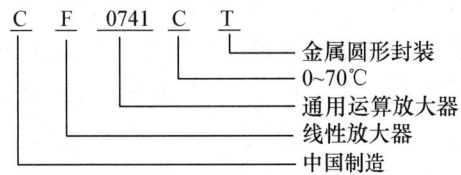

二、数字集成电路的分类与特点

数字集成电路有双极型集成电路（如 TTL、ECL）和单极型集成电路（如 CMOS）两大类，每类中又包含不同的系列品种。表 D.21 列出了几类常用数字集成电路的典型参数。

表 D.21　几类常用数字集成电路的典型参数

参　　数	74 (TTL)	74LS (TTL)	74HC (与 TTL 兼容的高速 CMOS)	4000 系列 CMOS 电路	单位
电源电压范围	4.75～5.25	4.75～5.25	2～6	3～18	V
电源电压 V_{CC}	5	5	5		V
电源电流	24	12	0.008	0.004	mA
高电平输入电流 I_{IH}	40	20	0.1	0.1	μA
低电平输入电流 I_{IL}	−1600	−400	0.1	0.1	μA
高电平输入电压 U_{IH}	2	2	3.15	3.5(V_{DD}=5V) 7(V_{DD}=10V) 11(V_{DD}=15V)	V
低电平输入电压 U_{IL}	0.8	0.7	1.35	1.5(V_{DD}=5V) 3(V_{DD}=10V) 4(V_{DD}=15V)	V
高电平输出电压 U_{OH}	2.4	2.7	3.95	4.95(V_{DD}=5V) 9.95(V_{DD}=10V) 4(V_{DD}=15V)	V
低电平输出电压 U_{OL}	0.4	0.5	0.26	0.05 (V_{DD}=5V,10V,15V)	V
高电平输出电流 I_{OH}	−0.4	−0.4	−5.2	−1.3	mA
低电平输出电流 I_{OL}	16	8	5.2	1.3	mA
平均传输延迟时间 t_{pd}	15	15	30	150	ns

1. TTL 集成电路

这类集成电路内部输入级和输出级都是晶体管结构，属于双极型集成电路。

（1）主要系列

① 74 系列：这是早期的产品，现仍在使用，但正逐渐被淘汰。

② 74H 系列：这是 74 系列的改进型，属于高速 TTL 产品。其"与非门"的平均传输延迟时间达 10ns 左右，但电路的静态功耗较大，目前该系列产品使用得越来越少，逐渐被淘汰。

③ 74S 系列：这是 TTL 的高速型肖特基系列。在该系列中，采用了抗饱和肖特基二极管，速度较高，但品种较少。

④ 74LS 系列：这是当前 TTL 的主要产品系列。品种和生产厂家都非常多，性价比较高，

目前在中小规模电路中应用非常普遍。

⑤ 74ALS系列：这是"先进的低功耗肖特基"系列，属于74LS系列的后继产品，速度(典型值为4ns)、功耗(典型值为1mW)等方面都有较大的改进，但价格比较高。

⑥ 74AS系列：这是74S系列的后继产品，尤其速度(典型值为1.5ns)有显著的提高，又称"先进超高速肖特基"系列。

(2) 主要特点

TTL系列产品向着低功耗、高速度方向发展，其主要特点为：

① 不同系列同型号器件的引脚排列完全兼容；

② 参数稳定，使用可靠；

③ 噪声容限高达数百毫伏；

④ 输入端一般有钳位二极管，减少了反射干扰的影响，输出电阻低，带容性负载能力强；

⑤ 采用+5V电源供电。

2. CMOS集成电路

CMOS集成电路是利用NMOS管和PMOS管巧妙组合而成的电路，属于一种微功耗的数字集成电路。

(1) 主要系列

① 标准型4000B/4500B系列：该系列产品的最大特点是工作电源电压范围宽(3～18V)、功耗小、速度较低、品种多、价格低廉，是目前CMOS集成电路的主要应用产品。

② 54/74HC系列：54/74HC系列是高速CMOS标准逻辑电路系列，具有与74LS系列同等的工作速度和CMOS集成电路固有的低功耗及电源电压范围宽等特点。74HCxxx是74LSxxx同序号的翻版，型号最后几位数字相同，表示电路的逻辑功能、引脚排列完全兼容，为用74HC系列替代74LS系列提供了方便。

③ 54/74AC系列：该系列又称"先进的CMOS集成电路"，54/74AC系列具有与74AS系列同等的工作速度和CMOS集成电路固有的低功耗及电源电压范围宽等特点。

(2) 主要特点

① 具有非常低的静态功耗。在电源电压$V_{CC}=5V$时，中规模集成电路的静态功耗小于$100\mu W$。

② 具有非常高的输入阻抗。正常工作的CMOS集成电路，其输入保护二极管处于反偏状态，直流输入阻抗大于$100M\Omega$。

③ 宽的电源电压范围。

④ 扇出能力强。在低频工作时，一个输出端可驱动CMOS器件50个以上的输入端。

⑤ 抗干扰能力强。CMOS集成电路的电压噪声容限可达电源电压值的45%，且高电平和低电平的噪声容限值基本相等。

⑥ 逻辑摆幅大。CMOS集成电路在空载时，高电平输出电压$U_{OH} \geqslant V_{CC}-0.05V$，低电平输出电压$U_{OL} \leqslant 0.05V$。

三、数字集成电路的应用要点

1. 数字集成电路使用中的注意事项

在使用数字集成电路时，为了不损坏器件，充分发挥集成电路的应有性能，应注意以下问题。

(1) 认真查阅使用器件型号的资料：对于要使用的集成电路，首先要根据手册查出该型号器件的资料,注意器件的引脚排列图接线,按参数表给出的参数规范使用,在使用中,不得超过最大额定值(如电源电压、环境温度、输出电流等),否则将损坏器件。

(2) 注意电源电压的稳定性:为了保证电路的稳定性,供电电源的质量一定要好,要稳定。在电源的引线端并联大的滤波电容,以避免由于电源通断的瞬间而产生冲击电压。更注意不要将电源的极性接反,否则将会损坏器件。

(3) 采用合适的方法焊接集成电路:在需要弯曲引脚引线时,不要靠近根部弯曲。焊接前不允许用刀刮去引线上的镀金层,焊接所用的烙铁功率不应超过 25W,焊接时间不应过长。焊接时最好选用中性焊剂。焊接后严禁将器件连同印制电路板一起放入有机溶液中浸泡。

(4) 注意设计工艺,增强抗干扰措施:在设计印制电路板时,应避免引线过长,以防止串扰和对信号传输延迟。此外,要把电源线设计得宽一些,地线要进行大面积接地,这样可减少接地噪声干扰。

另外,由于电路在转换工作的瞬间会产生很大的尖峰电流,此电流峰值超过功耗电流几倍到几十倍,这会导致电源电压不稳定,产生干扰造成电路误动作。为了减小这类干扰,可以在集成电路的电源端与地端之间并接高频特性好的去耦电容,一般在每个集成电路并接一个,电容的取值为 30pF~0.01μF;此外在电源的进线处,还应对地并接一个低频去耦电容,最好用 10~50μF 的钽电容。

2. TTL 集成电路使用时应注意的问题

(1) 正确选择电源电压:TTL 集成电路的电源电压允许变化范围比较窄,一般为 4.5~5.5V。使用时,不能将电源与地颠倒接错,否则会因为过大电流而造成器件损坏。

(2) TTL 集成电路的各个输入端不能直接与高于 +5.5V 和低于 -0.5V 的低内阻电源连接。对多余的输入端最好不要悬空。虽然悬空相当于高电平,并不影响与门、与非门的逻辑关系,但悬空容易接收干扰,有时会造成电路的误动作。因此,多余输入端要根据实际需要进行适当处理。例如,与门、与非门的多余输入端可直接接到电源 V_{CC} 上;也可将不同的输入端公用一个电阻连接到 V_{CC} 上;或将多余的输入端并联使用。对于或门、或非门的多余输入端,应直接接地。对于触发器等中规模集成电路,不使用的输入端不能悬空,应根据逻辑功能接入适当电平。

(3) 对输出端的处理:除三态门、集电极开路门外,TTL 集成电路的输出端不允许并联使用。当将几个集电极开路门的输出端并联,实现线与功能时,应在输出端与电源之间接入一个计算好的上拉电阻。集成电路的输出端不允许与电源或地短路,否则可能造成器件损坏。

3. CMOS 集成电路使用时应注意的问题

(1) 正确选择电源。由于 CMOS 集成电路的工作电源电压范围比较宽,选择电源电压时,首先要考虑避免超过极限电源电压,其次要注意电源电压的高低将影响电路的工作频率。降低电源电压会引起电路工作频率下降或增加传输延迟时间。如 CMOS 触发器,当 V_{CC} 由 +15V 下降到 +3V 时,其最高频率将从 10MHz 下降到几十千赫。

此外,提高电源电压可以提高 CMOS 集成电路的噪声容限,从而提高电路系统的抗干扰能力。但电源电压选择越高,电路的功耗越大。不过由于 CMOS 集成电路的功耗较小,功耗问题不是主要考虑的设计指标。

(2) 防止 CMOS 集成电路出现晶闸管效应的措施:当 CMOS 集成电路输入端施加的电压过高(大于电源电压)或过低(小于 0V),或者电源电压突然变化时,电源电流可能会迅速增大,烧坏器件,这种现象称为晶闸管效应。预防晶闸管效应的措施主要有:

① 输入端信号幅度不能大于 V_{CC} 和小于 0V;

② 要消除电源上的干扰;

③ 在条件允许的情况下,尽可能降低电源电压,如果电路工作频率比较低,用+5V电源供电最好;

④ 对使用的电源加限流措施,使电源电流被限制在 30mA 以内。

(3) 对输入端的处理。在使用 CMOS 集成电路时,对输入端一般要求如下:

① 应保证输入信号幅值不超过 CMOS 集成电路的电源电压,即满足 $V_{SS} \leqslant U_I \leqslant V_{CC}$,一般 $V_{SS}=0V$;

② 输入脉冲信号的上升和下降时间一般应小于微秒级,否则电路工作不稳定或损坏器件;

③ 所有不用的输入端不能悬空,应根据实际要求接入适当的电压(V_{CC} 或 0V),由于 CMOS 集成电路的输入阻抗极高,一旦输入端悬空,极易受外界噪声影响,从而破坏电路的正常逻辑关系,也可能感应静电,造成栅极被击穿。

(4) 对输出端的处理。

① CMOS 集成电路的输出端不能直接连接到一起,否则导通的 P 沟道 MOS 管和导通的 N 沟道 MOS 管形成低阻通路,造成电源短路。

② 在 CMOS 逻辑系统设计中,应尽量减少电容负载。电容负载会降低 CMOS 集成电路的工作速度并增加功耗。

③ CMOS 集成电路在特定条件下可以并联使用。当同一芯片上 2 个以上同样器件并联使用(如各种门电路)时,可增大输出灌电流和拉电流负载能力,同样也提高了电路的速度。但器件的输出端并联,输入端也必须并联。

④ 从 CMOS 器件的输出驱动电流大小来看,CMOS 集成电路的驱动能力比 TTL 集成电路要差很多,一般 CMOS 器件的输出只能驱动一个 LS TTL 负载。但驱动 CMOS 负载,CMOS 集成电路的扇出系数比 TTL 集成电路大得多(CMOS 集成电路的扇出系数≥500),CMOS 集成电路驱动其他负载,一般要外加一级驱动器接口电路。

D.6　部分电气图形符号

(1) 电阻、电容、电感和变压器的电气图形符号(见表 D.22)。

表 D.22　电阻、电容、电感和变压器的电气图形符号

图形符号	名称与说明	图形符号	名称与说明
─▭─/─⌇─	电阻一般符号	⌒⌒⌒	电感、线圈、绕组或扼流圈 注:符号中半圆数不得少于 3 个
─▱─	可变电阻或可调电阻	⌒⌒⌒	带磁芯、铁芯的电感
─▭─	滑动触点电位器	⌒⌒⌒	带磁芯连续可调的电感
─╂─	极性电容	⌒⌒⌒⌒	双绕组变压器 注:可增加绕组数目
─╫─	可变电容或可调电容	⌒⌒⌒⌒	绕组间有屏蔽的双绕组变压器 注:可增加绕组数目

(续表)

图形符号	名称与说明	图形符号	名称与说明
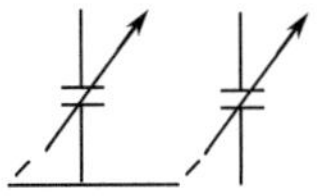	双联同调可变电容 注:可增加同调联数		在一个绕组上有抽头的变压器
	微调电容		

(2)半导体管的电气图形符号(见表 D.23)。

表 D.23 半导体管的电气图形符号

图形符号	名称与说明	图形符号	名称与说明
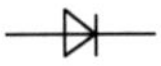	二极管	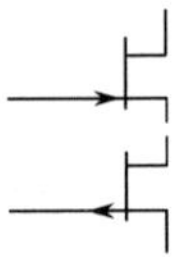 (1) (2)	JFET 结型场效应管 (1)N 沟道 (2)P 沟道
	发光二极管		PNP 型三极管
	光电二极管		NPN 型三极管
	稳压二极管		
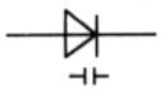	变容二极管	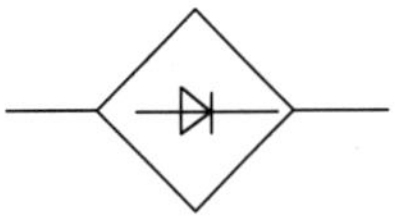	全波桥式整流器

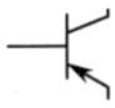

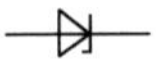

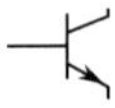

(3)其他电气图形符号(见表 D.24)。

表 D.24 其他电气图形符号

图形符号	名称与说明	图形符号	名称与说明
	具有两个电极的压电晶体 注:电极数目可增加	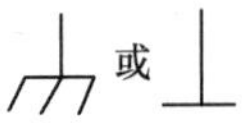 或	接机壳或底板
	熔断器	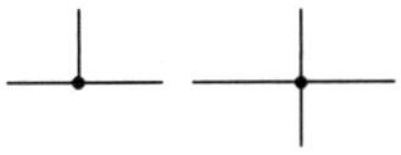	连接的导线
	指示灯及信号灯		不连接的导线
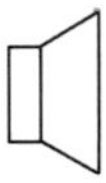	扬声器		动合(常开)触点开关
	蜂鸣器		动断(常闭)触点开关
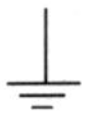	接大地	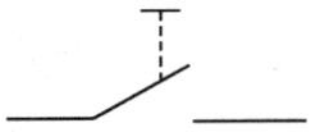	手动开关

附录 E　电路故障分析的基本方法

E.1　模拟电路故障分析

模拟电路的类型很多,出现的故障也不相同。要迅速准确地查出故障并排除,要求有一定的基本知识和技能,如模拟电路基本知识、元器件及单元电路的测试技术、电路的安装等。此外,还需要掌握检修电子电路的基本方法和步骤。

一、检修前的准备

在检查并排除故障前,应做好以下工作:
① 准备好检修工具,包括各种测量仪器;
② 准备好检修用的器材和材料,包括元器件、导线等;
③ 准备好检修资料,包括电路原理图、安装图等。

二、检查故障的基本方法

为了迅速查出故障,提高效率,防止扩大故障,检查工作要有目的、有计划地进行,同时还应掌握一些检查故障的基本方法。

1. 测试电阻法

测试电阻法分为通断法和测阻值法两类。

① 通断法用于检查电路中连线是否正确、焊点有无短路、虚焊等故障,也可检查电路中不应连接的点、线之间有无短路故障。实验中使用面包板或一些接插件时,常出现接触不良或短路等故障,使用通断法直接测试应连接的元器件引线之间是否通断,可很快查出故障。实验前可用通断法检查所用导线有无短路现象。

② 测阻值法用来测试电路中元器件间的电阻值,判断元器件是否正常。例如,电阻有无变值、失效、开路;电容是否击穿或漏电;变压器及其他线圈各绕阻间的绝缘电阻是否正常,各绕阻的直流电阻是否正常;各半导体器件或集成组件的引线间有无击穿,各 PN 结正向之间电阻是否正常等。

测阻值法还可用于对电路的检查,例如,用测阻值法直接测量放大器的输入、输出电阻,判断电路有无短路、断路等故障。在接入电源 V_{cc} 前,要测试一下 V_{cc} 的负载,看有无短路或断路,防止盲目接入电源而造成电源或电路的损坏。

应用测试电阻法测试电路中的元器件或两点间的电阻值时,应在电路没有通电状态下进行,电路中的电解电容要先放掉存储的电荷。测试电路中某一元器件的电阻值时,元器件的一个被测引线应从电路中脱开,以防止电路中与它并联的其他元器件对其产生影响。

2. 测试电压法

检修电路时,在电路内无短路(由测试电阻法判断)、通电后无冒烟、电流过大、元器件过热等情况下,可接入电源,用测试电压法寻找故障。

测试电压法一般是用电压表测试各有关测试点的电压值,并将实测值与有关技术资料上标定的正常电压值加以比较,进而进行故障判断。有时正常电压既无标定又不易估算,在条件允许的情况下,可对照正常的相同电路,从正常电路中测得各测试点的电压值。

注意:测试电压法应在规定的状态下进行测试。应按要求使用合适的电压表,以减小测试误差,避免影响被测电路的工作状态。

3. 波形显示法

在电路静态工作点正常的情况下,将信号加入电路,用示波器观察电路中各测试点的波形,根据所观察到的波形,判断电路故障。这是检查电路故障最有效、最方便的方法。它不仅可以观察波形有无,还可根据波形的频率、幅度、形状等,判断故障原因。

在模拟电路中,波形显示最适于振荡电路和放大电路的故障分析。对于振荡电路,使用示波器可以直接测试输出有无波形,幅度、频率等是否符合要求。对于放大电路,特别是多级放大电路,用波形显示法可分别观察各级放大电路的输入、输出波形,根据有无波形、波形幅度、波形的失真等现象,判断各级放大电路是否正常,并判断级间的耦合元件是否正常。

4. 替代法

在人为判断基本准确的情况下,对个别存在故障的元器件或组件,用一个好的元器件或组件替代,替代后若能使电路恢复正常,则说明原来的元器件或组件存在故障,是电路产生故障的原因。可进一步对替代的元器件或组件进行测试、检查。这种方法多用于不易直接测试判断电路中有无故障的部件。例如,无法测试电容是否正常、晶体管是否击穿、集成电路组件质量好坏时,均可采用替代法。

使用替代法找出故障元器件或组件,在安装新元器件或组件时应分析产生故障的原因,即分析与此元器件或组件相连的外围元器件或组件有无损坏,若有,应先予以排除,以消除故障隐患,防止再次损坏元器件或组件。

三、检查与排除故障的基本步骤

模拟电路故障的检查与排除一般应遵循以下步骤。

1. 初步检查

初步检查多采用直观检查法,主要检查元器件有无损坏迹象、电源部分是否正常。若初步检查未发现故障原因,或排除了某些故障后电路仍不正常,则按下述方法进一步检查。

2. 判断故障部位

首先查阅电路原理图,按其功能将电路分解成几个部分;明确信号的产生和传递关系及各部分电路间的联系与作用原理,根据所观察到的故障现象分析故障可能出现的部分;对照安装图,找到各测试点的位置,为测试、分析故障做好准备。正确判断出故障部位是能否迅速排除故障的关键。

3. 寻找故障所在级

根据以上判断,在可能出现故障的部位,对各级电路进行检查。检查时用波形显示法对电路进行动态检查。例如,检查振荡电路有无起振,输出波形是否正常;放大电路是否放大信号,输出波形有无失真等。检查可以由后向前,也可以由前向后逐级推进。

下面以放大电路为例加以说明。

① 由前向后逐级推进:将测试信号从第一级输入,用示波器依次观察其后各级电路的输入、输出波形。若发现某级电路输入正常而输出波形不正常,则说明此级或下一级存在故障

(下级电路出现故障,如输入阻抗变小或为零,可影响此级电路的正常工作)。进一步判别时,可将两级电路的耦合元件断开,分别测试两级电路,以确定故障所在级。若前级输出正常而后级输入信号不正常,则耦合元件损坏。

② 由后向前逐级推进:用示波器测试最后一级的输出波形。将测试信号由后向前逐级加在各电路的输入端,若在某一级加入信号而无输出信号或输出信号不正常,此电路可能存在故障,可与其他电路分开,进一步判断。

4. 寻找故障点

故障确定后,可进一步寻找故障点,即判断具体的故障元器件。检查方法一般采用测试电压法,测试电路中各点的静态电压值,根据所测数据,确定这部分电路是否确有故障并确定故障元器件。

确定故障后,切断电源,将损坏元器件或可能有故障的元器件取下,用测试电阻法检查。对于不易测试的元器件,采用替代法进行判断,这样可确定故障,并排除故障。

5. 修复电路

找出故障元器件后,要进一步分析其损坏的原因,检查与其相关元器件或连线等有无故障。在确定无其他故障后,可更换故障元器件,修复电路。最后进行通电实验,观察电路能否正常工作。

E.2 数字电路故障分析

在实验中,当所安装电路不能完成预期的逻辑功能时,就称数字电路有故障。数字电路产生故障的原因大致有:电路设计不妥;安装、布线时出现错误;集成电路组件功能不正常或使用不当;实验仪器或实验板不正常。要迅速排除电路故障,应掌握排除故障的基本方法和步骤。模拟电路故障的检查方法(如测试电阻法、测试电压法、波形显示法)也适用于数字电路。针对数字电路中相同基本单元较多,功能特性基本相同这一特点,在检查故障的各种方法中,查线法、替代法和逻辑对比法是较常用的方法。

一、检查故障的常用方法

1. 查线法

在数字电路实验中,大多数故障是由于布线错误引起的,对故障电路复查布线,可以检查出部分或全部由布线错误引起的故障。查线法对于不很复杂的小型电路和布线很有章法的电路是有效的,对较为复杂的电路系统,用查线法检查故障是困难的。另外,查线法也只能查出漏接或错接的导线,许多故障用查线法是不易被发现的。例如,由于导线插入插孔太深使导线与插孔相互绝缘等,所以查线法不能作为检查故障的主要手段。

2. 替代法

将已调好的单元组件(或正常的集成电路组件)替代有故障或有故障嫌疑的相同的单元组件(或集成电路组件),将其接入电路,可以很快判断出故障是否由原单元组件(或集成电路组件)的故障所致。

在数字电路中,相同的单元组件和相同的集成电路组件很多,而且集成电路组件多采用插接式连接,检查故障时,替代法是很方便且有效的方法。

使用替代法时,在插拔组件前,应先切断电源。

3. 逻辑对比法

当怀疑某一电路存在故障时,可将其状态参数与相同的正常电路一一进行对比。用这种方法可以很快找到电路中的某些不正常状态和参数,进而分析出故障原因,将故障排除。采用逻辑对比法,经常是将电路的真值表、状态转换图列出,与实际测得的电路状态加以比较,进而分析电路有无故障。这种方法在数字电路故障分析中是很重要的方法。

测试状态的方法很多,有测试电压法、逻辑电平测试法和示波器观测法等。

二、检查与排除故障的基本步骤

在排除电路故障的全过程中,要坚持用逻辑思维对故障现象进行分析和推理,这是排除故障工作能顺利进行的关键。

1. 初步检查

排除故障时可先对电路进行全面的初步检查,检查内容包括:

① 布线有无错误,如错接、漏接;
② 集成电路插接是否牢固,有无松动和接触不良现象;
③ 集成电路电源端对地电压是否正常,即电源是否加入各集成电路;
④ 若电路有置位或复位功能,可检查其能否被正常置位或复位(如置 1 或清 0);
⑤ 观察输入信号(如 BCD 码、时钟脉冲等)能否加到实验电路上;
⑥ 观察输出端有无正常的电平。

通过初步的检查,可能发现并排除部分或全部故障。

2. 观察电路工作情况,弄清故障现象

在初步检查的基础上,按电路的正常工作程序给其加入电源,输入信号,观察电路的工作状态。输入信号最好用逻辑开关、无抖动开关或用手控制的信号源。若电路出现不正常状态,不要急于停机检查,而应重复多次输入信号,观测电路的工作状态。仔细观察并记录故障现象,例如,电路总是在某一状态向另一状态转换时出现异常状态。

3. 对故障进行分析

将故障现象观察、记录清楚之后,关机停电,对所观察到的现象进行分析,根据电路的真值表、状态转换图、所用器件的工作原理和工作条件,判断产生故障的原因。例如,无论给实验电路如何加信号,输出端始终处于高电平,则可能是因为集成电路未正常接地所致;不管将 JK 触发器的输入端 J 和 K 置于什么电平,触发器却始终处于计数状态(即随时钟脉冲而翻转),那么可能是 J 和 K 端导线接触不良,不能接入正常电平;若电源、地线连线正常,输入端信号也能正常加入,而无正常输出,可能是集成电路损坏。

4. 证实故障原因

利用替代法、逻辑对比法等方法,证实产生故障的部位。对一些简单故障,如漏接导线、接地不良等,可将导线重新连接,看电路是否恢复正常,这样便可证实电路故障的确实原因。

5. 排除故障

将确实损坏的元器件换掉,纠正错误的连线,即可使电路正常工作。

参 考 文 献

[1] 刘建成,冒晓莉. 电子技术实验与设计教程.2版. 北京:电子工业出版社,2016.
[2] 刘建成,严婕. 电子线路实验教程. 北京:气象出版社,2001.
[3] 毕满清. 电子技术实验与课程设计.4版. 北京:机械工业出版社,2019.
[4] 高文焕,张尊侨,徐振英,等. 电子技术实验. 北京:清华大学出版社,2011.
[5] 杨素行. 模拟电子技术基础简明教程.4版. 北京:高等教育出版社,2022.
[6] 余孟尝. 数字电子技术基础简明教程.4版. 北京:高等教育出版社,2018.
[7] 童诗白,华成英. 模拟电子技术基础.5版. 北京:高等教育出版社,2015.
[8] 郭业才,黄友锐,吴昭芳,等. 模拟电子技术.2版. 北京:清华大学出版社,2018.
[9] 张宏群. 数字电子技术基础. 北京:清华大学出版社,2014.